民国青年教育丛书

国民立身训

谢无量 编

知识产权出版社
全国百佳图书出版单位

图书在版编目（CIP）数据

国民立身训/谢无量编. —北京：知识产权出版社，2018.1
ISBN 978-7-5130-5275-7

Ⅰ.①国… Ⅱ.①谢… Ⅲ.①国民—道德修养 Ⅳ.①B822.1

中国版本图书馆 CIP 数据核字（2017）第 281456 号

责任编辑：文　茜　　　　　　　　　责任校对：王　岩
封面设计：张　冀　　　　　　　　　责任出版：刘译文

国民立身训

谢无量　编

出版发行：	知识产权出版社 有限责任公司	网　　址：	http://www.ipph.cn
社　　址：	北京市海淀区气象路 50 号院	邮　　编：	100081
责编电话：	010-82000860 转 8342	责编邮箱：	wenqian@cnipr.com
发行电话：	010-82000860 转 8101/8102	发行传真：	010-82000893/82005070/82000270
印　　刷：	三河市国英印务有限公司	经　　销：	各大网上书店、新华书店及相关专业书店
开　　本：	720mm×960mm　1/16	印　　张：	10
版　　次：	2018 年 1 月第 1 版	印　　次：	2018 年 1 月第 1 次印刷
字　　数：	120 千字	定　　价：	39.00 元

ISBN 978-7-5130-5275-7

出版权专有　侵权必究
如有印装质量问题，本社负责调换。

再版前言

民国时期是我国近现代历史上非常独特的一段历史时期，这段时期的一个重要特点是：一方面，旧的各种事物在逐渐崩塌，而新的各种事物正在悄然生长；另一方面，旧的各种事物还有其顽固的生命力，而新的各种事物在不断适应中国的土壤中艰难生长。简单地说，新旧杂陈，中西冲撞，名家云集，新秀辈出，这是当时的中国社会在思想、文化和学术等各方面的一个最为显著的特点。在这样的时代和社会背景下，对新式青年的培育成为当时思想界、文化界和教育界进步人士着重关注的一个焦点问题。引导青年人从中国传统的封建文化的弊病中解放出来，科学地审视和继承传统文化中的有益的成分，同时科学地借鉴和接受新鲜、进步的西方社会思想成为当时重要且普遍的社会现象和社会思潮。

本社此次选择了一些民国时期曾经出版过的、有关青年教育的图书，整理成为一套《民国青年教育丛书》出版，以飨读者。这套丛书涉及青年人的读书、工作和生活，部分图书侧重于理论上的引导，另有部分图书则侧重于以生活实例来宣扬符合时代和历史进步发展方向的人生观、价值观，引导青年人走上积极向上、努力进取的人生道路。这套丛书选择的图书大多以平实的语言蕴含丰富而深刻的人生哲理，读来令人回味无穷，既可供大众读者消闲阅读，也可供有专门兴趣的读者拓展阅读。这套丛书不仅对民国时期的青年读者具有积极的教育意义,其中的许多观点和道理,即使在当今社会也没有过时,仍具有重要的参考价值,因此也非常适合今天的大众读者阅读和参考。

本社此次对这套丛书的整理再版,基本保持了原书的民国风貌,只是将原来繁体竖排转化为简体横排的形式,对原书中存在的语言文字或知识性错误,以"编者注"的形式加以校订,以便于今天的读者阅读。希望各位读者在阅读本丛书之后,一方面能够对民国时期的思想文化有一个更加深刻的了解,另一方面也能够为自己的书橱增添一种用于了解各个学科知识的不可或缺的日常读物。

序

将有晓于众者曰："吾能使十寻之木，不根而荣茂其枝条；万里之流，无源而奔放其支派。"自非迂塞狂瞽，未有或之能信焉者也。吾甚怪夫国民之欲跻隆盛媲欧美者，无复黼黻文章道德艺能之美，而竞欲为是挟山超海之谋也。国之立以民，民之立以德。德勿修乎身，无以为是民；民勿足自立，无以成是国。故训俗齐民，立身为尚。虽然，经礼三百，曲礼三千，而应时事之需要，顺世界之潮流者，其轨范准则，犹复仆数难终。学者冥心力讨，求与古会，有皓首而不能通一家言者。则欲家喻户晓，施诸人人，虽有圣哲，其道实难，故莫若通之而已。事务易行，道屏高远，匹夫匹妇之所易喻，而圣人豪杰之所不能尽至。地有中外，道无古今，合乎人情，衷于义理，推而行之，要各求其寡过为邦家之桢干而已。是则此编之微旨也夫。是为序。

民国五年　山阴史仲瑾

第一编　立志论　　　／001
第一章　吾国立志古训　／003
第二章　立志须先去倚赖性　／008
第三章　立志者之成功及
　　　　自觉　　　　／019

第二编　力行与勇气　／027
第一章　力行论　　　／029
第二章　勇猛精进主义　／047
第三章　坚忍论　　　／058

第三编　科学工艺发明家
　　　　之模范　　　／063
第一章　中国工艺大家略述　／065
第二章　欧洲科学发明家略述／071
第三章　工艺发明家　／075

第三章　人格之力　／ 129

第六编　修养论　／ 135

第一章　善恶之原理　／ 137

第二章　修养杂论　／ 144

第三章　静坐与修养　／ 149

第四编　职业及处世　／ 083

第一章　职业论　／ 085

第二章　惜时论　／ 093

第三章　节俭论　／ 099

第四章　诚实论　／ 107

第五编　人格论　／ 113

第一章　士君子之模范　／ 115

第二章　礼仪论　／ 123

第一编

立志论

第一章　吾国立志古训

心之所之谓之志。天下之所以有事业者，人为之也。人之所以能成事业者，志为之也。志于大则所成者大，志于小则所成者小，无志则无成。记言先志。孟子言"尚志"，此就学者言之也。即推之百工商贾，欲创业成务，亦何尝不赖乎志。志者，百事之所由生也，善恶之所由判也。人之求有立于斯世者，亦求其志而已，他何求焉？古之君子，教人志于善。故以志为达善之专名，横渠言"志公""意私"是也。于是凡言立志者，大率以为作圣之几。此在恒人，固宜叹其高远如莫可及。然作贤作圣，在立此志；作一事一艺，亦在立此志。言之小者可以喻大，言之大者亦可以喻小。今于此篇，首列吾国立志古训。非必如古之君子之教人，有骛于高远也。盖志本无二，古训又不可悉没，能观其通斯可矣。此下所论，即大抵归重事务，俾人可勉而至。古之论立志者极多，亦惟录王阳明《立志说》及张稷若《辨志》二篇，略见其概要尔。

王阳明示弟守文《立志说》曰："夫学莫先于立志。志之不立,犹不种其根,而徒事培壅灌溉,劳苦无成矣。世之所以因循苟且,随俗习非而卒归于污下者,凡以志之弗立也。故程子曰:'有求为圣人之志,然后可与共学。'人苟诚有求为圣人之志,则必思圣人之所以为圣人者安在。非以其心之纯乎天理而无人欲之私与?圣人之所以为圣人,惟以其心之纯乎天理而无人欲,则我之欲为圣人,亦惟在于此心之纯乎天理而无人欲耳。欲此心之纯乎天理而无人欲,则必去人欲而存天理;务去人欲而存天理,则必求所以去人欲而存天理之方。求所以去人欲而存天理之方,则必正诸先觉,考诸古训,而凡所谓学问之功者,然后可得而讲,而亦有所不能已矣。夫所谓正诸先觉者,既以其人为先觉而师之矣,则当专心致志,惟先觉之为听。言有不合,不得弃置,必从而思之;思之不得,又从而辨之,务求了释,不敢辄生疑惑。故《记》曰:'师严,然后道尊;道尊,然后民知敬学,苟无尊崇笃信之心,则必有轻忽慢易之意。言之而听之不审,犹不听也;听之而思之不慎,犹不思也。是则虽曰师之,犹不师也。夫所谓考诸古训者,圣贤垂训,莫非教人去人欲而存天理之方,若五经、四书是已。吾惟去吾之人欲,存吾之天理,而不得其方,是以求之于此,则其展卷之际,真如饥者之于食,求饱而已;病者之于药,求愈而已;暗者之于灯,求照而已;跛者之于杖,求行而已,曾有徒事记诵讲说以资口耳之弊哉!夫立志亦不易矣。孔子,圣人也,犹曰:'吾十有五而志于学,三十而立。'立者,立志也。虽至于'不逾矩',亦志之不逾矩也。志岂可易而视哉!夫志,气之帅也,人之命也,木之根也,水之源也。源不浚则流息,根不植则木枯,命不续则人死,志不立则气昏。是以君子之学,无时无处而不以立志为事。正目而视之,无他见也;倾耳而听之，无他闻也。如猫捕鼠，如鸡覆卵，精神心思，凝聚融结，而不复知有其他。然后此志常立，神气精明，义理昭著。一有私欲，即便知觉，自然容住不得矣。故凡一毫私欲之萌，只责此志不立，即私欲便退听；一毫客气之动，只责此志不立，即客气便消除。或怠心生，责此志即不怠；忽心生，责此志即不忽；躁心生，责此志即不躁；妒心生，责此志即不妒；忿心生，责此志即不忿；贪心生，责此志即不贪；傲心生，责此志即不傲；吝心生，责此志即不吝。盖无一息而非立志责志之时，无一事而非立志责志之地。故责志之功，其于去人欲，有如烈火之燎毛，太阳一出而魍魉潜消也。自古圣贤，因时立教，虽若不同，其用功大指，无或少异。《书》谓'惟精惟一'，《易》谓'敬以直内，义以方外'，孔子谓'格致诚正，博文约礼'，曾子谓'忠恕'，子思谓'尊德性而道问学'，孟子谓'集义养气求其放心'。虽若为说不同，而求其要领归宿，合若符契。夫道一而已。道同则心同，心同则学同。其卒不同者，皆邪说也。后世大患，尤在无志，故今以立志为说。盖终身向学之功，只是立得志而已。若以是说而合'精一'，则字字句句皆精一之功；以是说而合'敬义'，则字字句句皆敬义之功。其诸'格致''博约''忠恕'等说，无不吻合。但能实心体之，然后信予言之非妄也。"

张稷若《辨志》曰："人之生也，未始有异也，而卒至于大异者，习为之也。人之有习，初不知其何以异也，而遂至于日异者，志为之也。志异而习以异，习异而人以异。志也者，学术之枢机，适善适恶之辕楫也。枢机正，则莫不正矣；枢机不正，亦莫之或正矣。适燕者北其辕，虽未至燕，必不误入越矣；适越者南其楫，虽未至越，必不误入燕矣。呜呼！人之于志，可不辨与！今夫人生而呱呱以啼，哑哑以笑，蠕蠕以动，惕惕以息，无以异也。出而就传，朝授之读，暮课之义，同一圣人之《易》《书》《诗》《礼》《春秋》也。及其既成，或为百世之人焉，或为天下之人焉，或为一国一乡之人焉；其劣者，为一室之人、七尺之人焉；至其最劣，则为不具之人、异类之人焉。言为世法，动为世表，存则仪其人，没则传其书，流风余泽，久而愈新者，百世之人也；功在生民，业隆匡济，身存则天下赖之以安，身亡则天下莫知所恃者，天下之人也；恩施沾乎一域，行能表乎一方，业未光大，立身无负者，一国一乡之人也。若夫志虑不离乎钟釜，慈爱不外乎妻子，则一室之人而已；耽口体之养，徇耳目之娱，膜外概置，不通疴痒者，则七尺之人；笃于所嗜，瞀乱荒遗，则不具之人；因而败度灭义，为民蠹害者，则为异类之人也。岂有生之始，遽不同如此哉？抑岂有驱迫限制为之区别致然哉？习为之耳！习之不同，志为之耳！志在乎此，则习在乎此矣；志在乎彼，则习在乎彼矣。子曰：'苟志于仁矣，无恶也。'言志之不可不定也。故志乎道义，未有入于货利者也；志乎货利，未有幸而为道义者也。志乎道义，则每进而上；志乎货利，则每趋而下。其端甚微，其效甚巨，近在胸臆之间，而远周天地之内；定之一息之顷，而著之百年之久。孟子曰：'鸡鸣而起，孳孳为善者，舜之徒也；鸡鸣而起，孳孳为利者，跖之徒也。欲知舜与跖之分，无他，利与善之间也。'人之所以孳孳终其身不已者，志在故耳。志之为物，往而必达，图而必成。及其既达，则不可以返也；及其既成，则不可以改也。于是为舜者安享其为舜，为跖者未尝不自悔其为跖，而已莫可致力矣。岂跖之聪明材力不舜若与？所志者殊耳。世之诵周公、孔子之言者，肩相比也；诵其言通其义以售于世者，又项相望也。周公、孔子之遗教，未闻有见诸行事、被于上下者，岂少而习之，长而忘之与？无亦诵周公、孔子，志不在周公、孔子也？志不在周公、孔子，则所志必货利矣。以志在货利之人，而乘富贵之资，制斯人之命，吾悲民生之日蹙也！志之定于心也，如种之播于地也。种粱菽则粱菽矣，种乌附则乌附矣。雨露之滋，壅培之力，各如所种以成效焉。粱菽成则人赖其养，乌附成则人被其毒。学不正志而勤其占毕、广其闻见、美其文辞以售于世，则所学于古之人者，皆其毒人自利之藉也。呜呼！学者一日之志，天下治乱之原，生人忧乐之本矣。孟子曰：'士何事？曰尚志。'《学记》曰：'凡学官先事，士先志。'张子曰：'未官者使正其志。'教而不知先志，学而不知尚志，欲天下治隆而俗美，何繇得哉？故人之漫无所志，安坐饱食而已者，自弃者也；舍其道义而汲汲货利不知自返者，将致毒于人以贼其身者也。自弃，不可也；毒人而以贼其身，愈不可也。且也，志在道义，未有不得乎道义者也，穷与达均得焉；志乎货利，未必货利之果得也，而道义已坐失矣。孟子曰：'欲贵者，人之同心也；人人有贵于己者，弗思耳。求则得之，舍则失之，是求有益于得也，求在我者也。求之有道，得之有命，是求无益于得也，求在外者也。'人苟审于内与外之分，得与不必得之数，亦可定所志矣。"

古之学者，并教人志在圣贤，故其为志尤高尚纯洁。夫圣贤人伦之至，而所以致于圣贤，不外乎立志。则天下尚何事可不由立志而成者乎？志既定矣，持之勿失，斯往而必达，图而必遂。今于吾国古训，惟著阳明、稷若之说如此。

第二章　立志须先去倚赖性

不能立志，即不能立身。此身者我之身也，此志者我之志也，无志则身尚何存、我尚何存？虽生于世，犹之未生于世，更何事业之可成哉？故欲立志者，必先记忆我之人格，以我为主，以物为客；以我制物，不以物制我，有我斯有志矣。陆象山所谓"六经皆我注脚"，亦此意也。世人所以不能立志者，率坐忘我。不知祸福皆我所自为，而以己身幸福之未至，归咎国家制度之未善也；不知有志者事竟成，而以业务之失败，委之运命之不谐、机会之相左，或己之才力有未逮于人也。如是者皆倚赖性害之：不知倚赖自我，而别求可倚赖者于自我之外。人人怀挟此倚赖之意，则焉往而不堕覆者；人人弃其自我，则国族乌能生存者。故今之大病，即在忘我，亦反责此志而已矣。

反责此志，反求诸我，则我之独立自主之精神，完全自具无待他求。所以得一身之自由，所以成社会之福利，无不在我。为学者伸此我而已，为治者伸此我而已。积我之力，以为国家社会之力；积我之个性人格之力，以为国家社会生存强盛之力。如是焉，而后可以达于文明之极轨。能立志者，惟知求助于我，不知求助于我以外。语曰："天助自助者。"此非空言也。故我为国家社会福利之本，非国家社会为我之福利之本。国家社会虽有良好之制度法律，而无与于我；人人能改善其我，即国家社会无有不善。斯迈尔斯（Samuel Smiles）尝论之曰："虽有最良之法度，不能与个人以实际之助，毋宁听个人之自由，使得自行发达改善。斯策之上者。自来读者，恒误以人人之幸福安宁，赖国家社会之力以保持之，不知其实赖己身行为之力以保持之也。由于世人视法律之价值过重，以谓足为人类进步之主者，法律而已。今夫万室之邑，三年或五年而选一二人焉以当立法部之任，即使其人尽心称职，究能自以其德行感化于众者几何？盖政府之力，所以保障人民之生命、自由、财产者，恒为消极的，为有限的，而非积极的，非活动的。此其事至近日而益明。故法律之效，仅能使人民安享精神、身体上勤劳所得之成果，罕遇危害之事。至于欲惰夫自奋、奢者好俭、沉湎者绝酒，虽法律如何严峻，莫足以致之，全在一己之振厉克制而已。至是则法律之化穷，不如善习之力大也。"又曰："一国之政府，一国之人民之反影也。使政府之程度高于人民，则人民必引而下之，与己同列；使政府之程度低于人民，则人民亦必引而上之，与己同列。故一国法律政治之良楛，恒视人民之品性以为差，如水之有平，自然之道，不可得而越也。高尚之人民，即适得高尚之政治；愚劣之人民，即适得愚劣之政治。国家之价值与实力，存乎其制度者常少，而存乎其人民之品性者常多，此至确而无疑者也。所谓国民，不过合一国各个人之地位而名之；所谓文明，不过合一国男子、妇人、儿童各个改善之社会而名之而已。"又曰："国民之进步，个人之勤勉、强力、正直之总额也；国民之退步，个人之怠慢、自私、恶德之总额也。吾人所痛心疾首、指为社会之害恶者，实而按之，大半皆吾人自身邪僻之行之所积而溃发者也。若欲徒恃法律之力，扑灭而根绝之，则暂绝于东者，必复苗于西。即使变易旧形，且别呈新状，以更为社会之害。盖非其个人生活品性之根本改善，则所为社会之害恶者，终莫得而绝也。故最高之爱国，最高之慈善，不在改法律、定制度，而在激厉一国之人人，使各依于自由独立之行动，以自向上改善而已矣。"斯氏之言如此。孔子曰："仁远乎哉？我欲仁，斯仁至矣。"又曰："一日克己复礼，天下归仁焉。"孟子曰："待文王而后兴者，凡民也。若夫豪杰之士，虽无文王犹兴。"有志者惟改善一己之品性，以造成国家之幸福；决不倚赖国家，以造成一己之幸福也。

或者又委之于运命，以为世间之事，皆运命所定，有非人力所能为者，吾人但当安命知足，不可有所强求；人生之吉凶衰王，❶ 冥冥中咸受治于命，而我不与焉。为此定命之说者，固亦有多少形而上学之根据，颇为古之学者所信。盖自儒家、道家，其言虽有出入，就其形式上观之，诚莫不谓命为夙定，惟墨子著《非命》之篇而已。今欲立志，则宁信意志自由，而不信运命。即使有命，亦制之在我，而非别有主之者也。圣哲言命，大抵即己之意志最高之表象；其意志弥强者，自信亦弥深。孔子曰："天生德于予，桓魋其如予何？"孟子曰："当今之世，舍我其谁。"释迦初生，谓"天上天下，惟我独尊"。其自信力如此，故能先天而天不违，所谓制命在我者

❶ "王"，疑为"旺"。——编者注

也。制命在我,斯天地由我而位,万物由我而育,宇宙在乎手,万化生乎身;我之意志之外,无复有命,命即我也,我即命也。凡开物成务,以至盛德大业,皆自由意志之成功,而不听命于其余也。韦特尔(Whittier)之诗曰:

The tissue of the life to be
We weave with colours of our own,
And in the field of desting
We reap as we have sown.

人生之锦般其众色兮,吾所自织也;
丽吾乎运命之田兮,自种而获其实也。

后之言命者,则悉委之不可知之数,以人生万事,咸听命于不可知,而以为有一定不易者焉。夫人生万事,既一定不易,斯人生之意义及价值,了无可言。安有意志?安用圣哲?凡国家社会事物云为一切可废,人之道或几乎息矣。墨子《非命》曰:"执有命者言曰:'上之所罚,命固且罚,非暴故罚也;上之所赏,命固且赏,非贤故赏也。'以此为君则不义,为臣则不忠,为父则不慈,为子则不孝,为兄则不良,为弟则不弟。而强执此者,此持❶凶言之所自生,而暴人之道也!然则何以知命之为暴人之道?昔上世之穷民,贪于饮食,惰于从事,是以衣食之财不足,而饥寒冻馁之忧至;不知曰我罢不肖,从事不疾,必曰我命固且贫。若❷上世暴王,不忍其耳目之淫、心涂之辟,不顺其亲戚,遂以亡失国家,倾覆社稷;不知曰我罢不肖,为政不善,必曰吾命固失之。于《仲虺之告》

---

❶ "持",今本《非命》作"特"。——编者注
❷ "若"今本《非命》作"昔"。——编者注

曰：'我闻于夏人矫天命，布命于下。帝伐之恶❶'。此言汤之所以非桀之执有命也。于《太誓》曰：'纣夷处，不肯事上帝鬼神，祸厥先神禔，不祀，乃曰吾民有命。无廖排漏（孔书作罔惩其侮）。天亦纵之，弃而弗葆。'此言武王所以非纣执有命也。今用执有命者之言，则上不听治，下不从事。上不听治，则刑政乱；下不从事，则财用不足。"不❷曰："昔桀之所乱，汤治之；纣之所乱，武王治之。当此之时，世不渝而民不易，上变政而民改俗；存乎桀纣而天下乱，存乎汤武而天下治。天下之治也，汤武之力也；天下之乱也，桀纣之罪也。若以此观之，夫安危治乱，存乎上之为政也，岂可谓有命哉！❸故昔者禹、汤、文、武方为政乎天下之时，曰：'必使饥者得食，寒者得衣，劳者得息，乱者得治。'遂得光誉令问于天下。夫岂可以为命哉！故以为其力也。今贤良之人，尊贤而好道术，故上得其王公大人之赏，下得其万民之誉，遂得光誉令问于天下。亦岂以为其命哉！又以其为力也。"又曰："今也，王公大人之所以早朝晏退，听狱治政，终朝均分而不敢怠倦者，何也？曰：'彼以为强必治，不强必乱；强必宁，不强必危。故不敢怠倦。'今也，卿大夫之所以竭股肱之力，殚其思虑之知，内治官府，外敛关市、山林、泽梁之利，以实官府而不敢倦怠❹者，何也？曰：'彼以为强必贵，不强必贱；强必荣，不强必辱。故不敢怠倦。'今也，农夫之所以蚤出暮入，强乎耕稼树艺，多聚升粟而不敢怠倦者，何也？曰：'彼以为强必富，不强必贫；强必饱，不强必饥。故不敢怠倦。'今也，妇

---

❶ 今本作"帝伐之恶，龚丧厥师。"——编者注
❷ "不"，当为"下"，即"《非命下》"。——编者注
❸ 今本"岂可"前有"则夫"二字。——编者注
❹ "倦怠"，今本作"怠倦"。——编者注

人之所以夙兴夜寐，强乎纺绩织纴，多治麻统葛绪捆布缘而不敢怠倦者，何也？曰：'彼以为强必富，不强必贫；强必暖，不强必寒。故不敢怠倦。'今虽无在乎王公大人贵，若信有命而致行之，则必怠乎听狱治政矣。卿大夫必怠乎治官府矣，农夫必怠乎耕稼树艺矣，妇人必怠乎纺绩织纴矣。王公大人怠乎听狱治政，卿大夫怠乎治官府，则我以为天下必乱矣；农夫怠乎耕稼树艺，妇人怠乎纺绩织纴，则我以为天下衣食之财将必不足矣。"墨子言执有命之害，最为深切著明，而以为治世足财，惟在强力不息。则果在于志，不在于命也。

世俗往往信命，盖无间于中西。英人之叹数奇者，尝曰："余若以鬻冠为业，则人必无首而生。"其言可谓悲矣！自近世学者，昌言意志自由，运命之说少衰。俄罗斯谚曰："徒叹薄命者，愚蠢之邻也。"人之贫困不能自立，大抵己身之荒怠谬失。有以致之，于命乎何尤？马敦（Marden）曰："吾人虽生而自由，然尚信有一种之宿命，足以检束吾人之行动者。要之，自由亦生而有，则自由固亦宿命之一部。"其云不可逃之天命，无异为此自由之自然限制而已，加之以智识、强力、精进之功，则运命自失其效。所进愈广，所得之自由愈多。自由禀于天，惟吾所用。智识进一步，即运命退一步。故人能决然解脱流俗所谓运命之束缚者，恒能成大功也。然则吾人惟当以意志战胜运命。吾人之未来受治于意志，世界之未来受治于意志，而运命不与焉。凡委心任运，不知振作者，皆自贼者也。

然不能立志者，犹有说曰："人之所以能成大事业者，必其天才有以殊绝于人，非人人所可勉而几也。吾辈智不若人，宁安分守己；若一切不自揣而高睨远骛，适足见笑而自点耳。"其说似也，而实不然。孟子曰："尧舜与人同耳。凡圣贤豪杰，无非其勤勉不息之决心，有以优于人人，非仅恃其生知之天才也。人亦自暴自弃耳，一旦起而自厉，何遽不逮？"《中庸》曰："博学之，审问之，慎思之，明辨之，笃行之。有弗学，学之弗能弗措也；有弗问，问之弗知弗措也；有弗辨，辨之弗明弗措也；有弗行，行之弗笃弗措也。人一能之己百之，人十能之己千之。果能此道矣，虽愚必明，虽柔必强。"斯迈尔斯曰："将求最高之学问，亦不外由常法以得之，即常识、注意、专心、坚忍等法是也，而非有赖于天才。即天才之人，其所以求之之道，亦未有不循此常法者也。不世出之豪杰，盖罕为信仰天才之人，率由日用常行之道，积坚忍之力以致之。故天才之定义，不过由常识而致于高明耳。"某教育家尝曰："何谓天才？勉力是也。"伏士特（John Foster）曰："天才之于人，其力犹燃自身心中之活火也。"比丰（Buffon）曰："天才即忍耐。"斯言谅矣！然则自勤奋自力之外，何所复得天才？程子论人气质，以为天资高明者，不如天资沉潜者。盖高明者或恃其颖慧，少乾乾之功，不如沉潜者用力自深，反能有得也。天才虽极卓越，使不加以黾勉之功，虽少年享有盛誉，终必覆败。语曰："跬步不休，跛鳖千里；锲而不合，金石可镂。"有名之化学家达尔通（Dalton），或称其为天才，即力辨曰："吾非有天才，吾不过积寻常勤勉之道以得之耳。"欧洲学者多不认天赋有特别才能之说。福禄特尔（Voltair）曰："天才之与凡庸，其间相去不能以寸。"倍加里（Beccaria）以人人皆能为诗人、辨士，勒诺尔支（Reynolds）以人人能为画家、雕刻家。至如洛克（Locke）、海维提斯（Helvetius）及狄德罗（Diderot）等，则以人之天才相等，甲所能为者，乙亦能效其法而为之。故不责己志之不立，而归诸才性之有异者，是惰夫自诿之词，贤者不取也。

凡倚赖国家，倚赖运命，倚赖天才之说，既已一一非之矣。然尚有一说，足为立志之阻碍者，即"机会"是也。世人或曰："吾虽能勤勉努力，而机会不至，亦末如之何？"古语所谓"虽有智慧，不如乘势；虽有镃基，不如待时"。此机会之说，亦运命论之变相也。斯迈尔斯曰："人若决心欲为何事，专注其精神以趣于一方，未有不能发见机会者。即机会未具，亦决可进而自造机会。"罗韦尔（Lowell）曰："人初堕地，则其事业与之俱生。安有腼然为人，至于束手无事可为，而坐以静待机会之至者乎？亦鼓其志气以赴之而已矣。"故非人待机会也，机会实待人。善用之者，虽小机会而可以成大事业；不善用之者，直熟视大机会之至，交臂而失之。有志者其急起直追，以勿令机会之逝也。

夫一微贱之少女，其无成事业之机会固也。西历千八百三十八年九月六日，黎明，英伦与苏格兰之海滨，守护海滨灯台者之家，有一少女，夜为风涛之声所惊觉。时狂风大作，水波山立，女之父母，用望远镜窥之。半里许外，有被难之船，簸荡岩畔，历历见有九人悬身船桅欲坠，惟为风浪声所乱，不能闻其呼救之音。其父喟然曰："惨哉！吾辈无可为力。"少女进曰："惨哉！吾辈必往救之。"至流涕力请于父母，必欲前往，既而父卒许之。乃自棹小艇，冲惊涛，其恐怖之心，为救难之心所胜。终鼓其勇气，至于船所，解九人入小舟之中，九人者免于难。中一人乃对少女言曰："上帝加福于君！然君固仅一英国之少女也。"夫此少女一时奋力之所为，其足以增进英国之光荣者，固犹胜于历史中诸英国君主之勋业也。

夫一微贱之童子，尤无成名之机会可知也。大雕刻家嘉罗瓦（Antonio Canova），幼时一厨下之佣而已。埃格来斯顿（Eggleston）记其事曰："意大利富豪发里罗（Faliero）将飨客，肆筵设席，众具毕备。隶人与厨佣更陈佳果于筵间，而所必列之具，忽然破损。众以其事告诸隶人之长，皆大惊失色。厨佣之少年，从容言曰：'公等苟听余者，当别饰异物以代之。'隶人之长问曰：'汝何名？'曰：'余名嘉罗瓦，石工比沙罗（Pisano）之孙也。'然则咄嗟：'何以处此？'少年曰：'请姑试之。'乃亟取席间牛油，造狮子卧象，陈之案中。隶人之长，感叹不措。于是众宾俱集，并威尼思之显贵与大腹贾也。且有精于美术鉴赏者，群注目牛油所制卧狮，异口同声，赞其巧妙。遂谓主人，何得名工，作此狡狯。主人询诸隶人长，始谂厨佣仓卒所作，乃召而见于来实[①]。此一筵顿以卧狮增色，宾主极欢。发里罗终资嘉罗瓦，使从名师，其技大进。"近数雕刻大家，无不称嘉罗瓦者，而罕知其微时事也。以一厨佣之童子，犹能因其慧心，以为终身成业之机会，何为士君子而患无机会乎？凡以无机会为言者，皆志行薄弱者之遁辞而已。世间无时无地无立身成业之机会。俯拾即是，人自不察耳。一僧正尝告人曰："无论何人，其一生必有幸运来访之时。惟幸运之来，当之者不知备礼以迎之，则入于门而复出于牖耳。"或过某雕刻家，见其所刻神像，中有一神，垂发被头，不见面目，而两足傅翼。问是何神也。曰："是名机会之神。"曰："何故隐其面？"曰："为其来时人罕见之也。"曰："何故足有两翼？"曰："为其一去而不可复追也。"然则机会虽流行于人事之间，非有志者亦莫能逢之。平时不勉厉，机会当前，冥然不觉；机会一去，又何从更得？世人之失败，恒由不自振

[①] "实"，疑为"宾"。——编者注

作，致与机会背驰，而怨机会之不我值，岂不谬哉？豪杰伟人、富商巨贾，以一朝之决心，掌握骤至之机会，不肯稍懈，以成大功者，不可胜数，而文人亦有之。费尔滋（J. T. Fields）尝记美国大诗家郎斐罗（Longfellow）与小说家侯爽（Hawthorne）之事曰："一日，郎斐罗与侯爽同饭。侯爽有一友，自撒伦（Salem）来，亦与坐间。饭后，此友语曰：'吾尝劝侯爽为一小说，以一亚加底亚（Acadia）最流行之弹词为本，而侯爽君不纳。此弹词中，叙一少女——当亚加底亚人离散之际——与其情人相失，且夕悲泪欲求其情人所在，更数十年，杳不可得。后终觅得之，则卧于医院之中，垂死病榻，而二人俱已老矣。此一至可悯之事实也。'郎斐罗怪此事实不为侯爽所采，乃谓侯爽曰：'君如决意不用此为小说之资料，何如遗余，试为诗咏之。'侯爽许诺，且相约'郎作未出，侯爽不以此事入文'。"郎斐罗以一饭后之谈助，而得一著名长诗之机会，其诗即世界所称之埃问格林篇（Evangeline，一名 Exile of the Acadianas）者是也。

　　穷通之机，虽在一时，亦在平日勤勉以务职业，而后乃能遇之而有成也。世人每以功名富贵可侥幸而致，不知自造机会，此终不遇机会矣。机会之来固至捷，然常与意志强固之人相亲，而与意志薄弱之人相远。能立志，斯机会自在其中，何俟他求；不知立志而待机会，是惑也。马敦曰："吾敢告天下之青年男女，何故当无为而玩岁愒日？岂大地在吾辈生前，已悉为人据有耶？岂地上生生不已之机已停息耶？岂凡可坐之席，可立之地，皆无我辈容足之地耶？岂国家之富源，已尽开辟耶？自然界之秘密，已尽阐明无余蕴耶？岂竟无术以为吾辈人已交利之道者耶？抑当此生存竞争之会，而犹自安于固陋，将葆其过去陈腐之经验于进化之世,以自阻其卓立之弘愿耶?舍旧图新者,既无地不然矣。十年前之机器,转眼即为废物矣。吾辈祖先之法式,日变月异,而代以新制度矣。昔所推有大功于世界之进步者,今皆视为老朽,飙同隔世矣。人生之战,日剧一日。青年男女诸君,惟有预备强壮之手腕,真实之精神,以好自为之尔矣。生今之世,智识之进,机会之多,前古未有;袖手端坐,夫何为者?天既生我以才能,与我以气力,而尚仰天以待助乎?即犹太民族,自念其进步为红海所阂,上吁于天。天神亦惟诏之曰:"汝勿悲叹,汝自进而已。"盈世界中,待人而举之事,何可胜数?人心之微妙,往往一言动间,能使同胞转祸为福,竟成弘济之烈。吾人用此能力,以其正直,以其热心,以其坚忍,不患不能达于最高之善。况先有群贤巨子,为之模范,以振起吾人勇往之心;且时时又有新起之机会,陈于吾人之前者哉。然则勿徒待机会也,造之而已。云何造之?如牧童斐尔格森(Fergusen),以玻璃管系丝而实测天体;如斯泰芬孙(George Stephenson),以白垩画炭矿,研究数学之原则;如拿破仑,决行所谓不可能(Impossible)之事以百数;如其他之豪杰,当平世或当乱世,而各得其成功之机会。造之造之,人人当自造之,以尽力于其所欲为者。"虽有旷世一遇之机会,而无益于惰民;虽一寻常之机会,而在勤勉者往往能成非常之功也"。此马敦《机会论》中之词。其言固不仅以厉美国士人者,虽吾国进步远逊西邦,而立志者居今之世,固不可不勉力于自造机会矣。

然则国家之法度不足恃,运命不足恃,天才不足恃,机会不足恃,立志而已,求己而已。

第三章　立志者之成功及自觉

前既论立志者之当去倚赖性矣。盖人人皆可立志，无分于其处境之贫富也。豪杰之士，往往出身微贱。在吾国其例尤众，不烦枚举。兹略述西方之士，处贫苦而立志有成者。因申论立志者之惟在自觉于末焉。

夫贫贱忧戚，所以玉汝于成也。古今大科学家、大文学家、大美术家以及说教之巨子、济世之名人，有出于望族，亦有出于编户者，有起自学校，亦有起自田间者，盖往往相半焉。其由贱而贵，由贫而富者，不可胜数也。大抵处境愈困，则自厉愈深；勤劳愈专，则成功愈大。斯迈尔斯尝胪举昔贤之自式微而显者，今摘记其一二。如英之大诗家索士比亚❶（Shakespear），本屠人之子，幼时以梳兽毛为业，而其杂剧，冠绝古今。又诗人庞士（Burns）本为工人，戎孙（Ben Jonson）则为瓦工，一手持馒，一手挟书，卒成名家。此外，如

---

❶ 又译为"莎士比亚"。——编者注

织工之中，有数学家西模孙（Simson）、雕刻家贝根（Bacon）、旅行家李温斯顿（Livingston）；靴工之中，有电学家斯塔锦（Sturgeon）、散文家德留（Samuel Drew）；缝工之中，有历史家司脱（John Stow）、画家哲克孙（Jackson）、美国总统安德留戎孙（Andrew Johnson）。又如，天文大家哥白尼（Copernicus）、奈端（Newton）皆佣隶之子。其余自贫贱而有名于世者，所在而有。使诸子生富厚之家，亦未必成业如是之卓越矣。今更略述欧美名人，由贫困立志而声施后世，见于载籍者如下。

昔丹麦有儿童大会。一日，群童并集，一少女容饰甚盛，夸言于众曰："吾为贵族之子，吾父为宫中枢密官。凡此间名孙（Sen）者，皆出自贱族，吾辈惟当张臂推而远之也。"有富商彼得孙（Petersen）之女，闻其言怫然作色曰："吾父能以百金市糖果，若父亦能之乎？"又一新闻记者之女进言曰："吾父能书汝父之名，及人人之父之名于新闻纸，褒贬任意，高下在心，人莫不畏之。"是时有一童子，方供役厨下，窃窥户外，以为使吾得为会中之一人，于愿良足。盖其父赤贫，且正名孙也。及与会诸人，各已长大，有数人过一邸宅，结构闳丽，美术充牣其中。访其主人，则固十数年前户外窃窥之少年，今为大雕刻家脱华德孙（Thorwaldsen）矣。此见于恩德孙（Hans Christian Andersen）所记。恩德孙盖丹麦之文豪，靴工之子，而亦以孙名者也。

开多（Kitto）者，聋童也，家贫而欲游学于外。一日，力请于父曰："父无忧儿将为饿莩于外，且儿闻疗饥之策矣。贺登脱人（Hottentot）能以少许之胶，延其生命，至极饿时，则以绳束其躯，儿讵不能效之乎？况垣有橡实，野有芜菁，草木之英,皆可果腹,何故忧饥也?"开多父日酗酒,自制靴以外无所能。然此聋童,竟成其学,为耶教经典有名之大学者焉。

克来翁(Creon)者,希腊时人奴也,而成大美术家,世莫不闻。当是时,希腊方胜波斯之军,令于国中,惟自由民得习美术,奴隶习美术者,处死刑。克来翁处此威禁之下,独不改其好尚,夺其志气,潜习美术,终为当时雕刻大家斐的亚斯(Phidias)所称,并见赏于佩利克里士(Pericles)焉。克来翁有妹曰克丽雷(Cleone),见兄勤业不辍,畏其贾祸,日日请祷于神,且令克来翁处床下室中,以竟其工。室甚暗郁,克丽雷亲供火烛。克来翁赖其妹之助,夜以继日,乃成一绝精美术品。会希腊联邦将开美术展览会于雅典,会场在亚哥拉(Agora)。会中推佩利克来士为总理,亚斯巴西亚(Aspasia)副之。其审查员有斐的亚斯、苏革拉第、梭福克利(Sophocles)皆精于美术,雅善鉴别。斯时克来翁之雕刻,累时冒险而成者,亦蠢然陈于会中。观者啧啧叹羡,咸指为神品,而莫审何人所作,群相疑怪,或曰:"此殆必出于奴人。"克丽雷蓬首敝衣,适立其旁,不觉色变。执事者曰:"此女知之,趣讯此女。"克丽雷忍嚘不答。佩利克来士曰:"余执国之法,法不可枉,其投此女于狱。"语未终,克来翁进以身蔽克丽雷曰:"请释此女,此余妹也。余实雕刻此物,余实人奴也,犯罪在我。"言次,眉宇间露英迈之气。众大哗曰:"投之狱中,投此奴于狱中。"至是,佩利克来士乃起言曰:"众静听之,如吾在是者,决不听入此人于罪,吾当依亚波罗(Apollo)神旨以为裁判。此固国人所尊,而高于是等不公之法律者也。法律之大义,尤在发挥至美,美为雅典不朽之精神。卓哉此士,以身殉美,可不敬乎?是而罚之,何以建国?"于是进克来翁于前,亚斯巴西亚亲以华冠冠之。

去今百五十余年前，里昂开大宴会。席间宾客观一古画，其事关于希腊神话。互相争辩，久莫能决。会主乃询一侍者，使说此画之意。侍者既一一辨解，考证精确，举坐惊服。一客起向侍者作礼曰："足下曾学于何学校？"答曰："吾所历学校至多，其居之最久，且得益最多者，即艰苦之学校是也。"盖其学皆自贫困中立志而自得之。此侍者何人？即后日法国第一流之文豪，举世传诵其《民约论》之卢梭其人也。

美国波士顿之旅店，一日，有无名誉、无教育之二青年相遇，高谈国事，踔厉风发。其所极口诋毁之制度，盖为美国开国以来所建立。凡学者、政治家、宗教家及巨室显族，举无异词者，此二青年乃不胜其狂愚，欲举而革之，不啻与全国民之感情为敌，以求肆其意。真宜智者之所笑，而二青年不顾也。二青年者，一名龙德（Benjamin Lundy），一名嘉理孙（William Dovd Garrison）。龙德先于阿西阿州（Ohio）出一杂志，名曰 The Genius of Universal Liberty；每月徒步二十里，自赴印刷所，荷其所印杂志而归，又徒步四百里外以分售之。及得嘉理孙之助，其势益张。其营杂志于巴提莫尔（Baltimore），当时嘉理孙尤痛美洲奴隶之境遇，尝目击南部诸港贩鬻奴隶，船市竞卖，有同货物。同为生人，而独使之背乡去家，终身为奴，情状至惨，心恒念之。家固至贫，幼时不能入学校，独慨然以此复还奴隶之自由为己任。至是，于其机关新闻之初号，唱立时解放奴隶之大论。世人无不骇怪者，遂坐违法下狱。时惟北方之韦特尔（John G. Whittier）深善其说，知嘉理孙贫，乃代偿罚金，出之狱中，盖在狱四十九日。非立伯思（Wendell Phillips）尝论之曰："嘉理孙时方二十四岁，已能矢不易之志，甘就罪戮不悔，以一少年而与全国民对抗矣。"嘉理孙在狱数十日中，犹不肯虚度时日，多所论著。出狱之后，又在波士顿一小楼上，出《自由报》。嘉理孙于波士顿极其穷困，无相知之友，而著文不辍。《自由报》第一号发刊词有曰："予当坚刚如真理，不挠如正义。予之一身，皆至诚所贯。予非有二舌，决不更为异说，决不退后一寸，冀天下必有闻吾言而兴者。"此可以见嘉理孙之勇矣。于是读者益恶之。南加罗里拿州（South Carolina）名士海因（Hayne）致书波士顿市长，询《自由报》何人所作。市长答书，以为此间一极贫、乳臭之少年所为，但有一黑奴相助，不足措意。然此极贫、乳臭之少年，日日吐其言论，不肯稍息，渐有以震动一时之舆论。南加罗里拿州之警厅至县❶赏千五百圆，以募告发密卖《自由报》者。佐治亚州（Georgia）议会亦悬赏五千圆，欲得嘉理孙而甘心焉。其时当局者之狼狈，于此可见。然言论之效，终有狂信者十二人，乘风雨之夜，于波士顿组织新英伦奴隶反对会，论者益大哗。有某女教师，许黑色少女数人入学，大为妇人社会所非，商人至同盟不与彼校贸易。暴徒于中夜毁其校舍，教师几不免。嘉理孙及其同志，频为暴徒之所袭击。牧师拿甫佐易（Lovejoy）于嘉理孙新闻之被控，有所辨说，旋为暴徒暗杀。盖嘉理孙之言论，其犯众难如此。然在北美深明公理之士，已不能无所动。至是，南北遂分二派，终以酿成南北战争。及至战事既平，解放奴隶之事，竟得施行。盖越三十五年，而嘉理孙之初志始达。大总统林肯招嘉理孙至，礼为国宾；土人群欢迎之，奉以花环焉。

英国著名美术家马丁（Martin），一日，仅余一先零，往

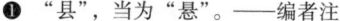

❶ "县"，当为"悬"。——编者注

购面包。主人喝曰:"先零赝也!"夺还面包于马丁之手。马丁悄然而归。至厨下检得往日之面包皮啮之,从事所业,一心不乱,卒成大名。马敦曰:"今世操纵世界之巨人,往往皆昔日贫贱之童子也。"英国某著述家,读美国伟人传曰:"美国之伟人,恒产于蕞尔之茅屋,岂不异哉?"然则有志者固不为贫富之境遇所限也!此类见于载籍者极多,兹不过略述一二而已。

由斯以谈,则立志者:不求助于国家,不求助于运命,不求助于天才,不求助于机会。凡一切贫苦患难,举不足以限之,在我而已。胡德(Hoōd)之言曰:"吾决然视我生如太阳,自生以至于死,犹自朝以至于暮,必使无一物不在光明之中。"嘉练尔(Carlyle)曰:"吾人行日光中,常见黑影,此吾人自身之影也。为显为晦,为幽为光,为贤为愚,为贵为贱,皆所自为耳,夫何疑哉!人之所欲,天必从之;自然之象,亦与吾同其惨舒。吾心乐时,则鸟鸣花笑,触处可悦;吾心悲时,则天高日晶,动辄成碍。悲乐在我,而物随而转移;天地之间,无不在我。我欲乐则得乐,我欲悲则得悲,我欲恶则得恶,我欲善则得善。能觉我性,何志不立?何事不成?凡未来世,皆吾人今日之心所造;今日之决心,即将来之运命也,将来之豫言也。有大志者恒有大功,但开拓一己之心胸,无以戚戚为也。"休息日之夜,恩德留(Andrew)问其门人罗伯曰:"子于日间,游行何许?"罗伯曰:"吾行白垩(Brown)之原,经嘉布(Camp)之山麓,但涉荒草,不见人影,兹游殊不怪也。"又门人威廉归,先生曰:"子游何许?"曰:"吾亦行白垩之原,经嘉布之山麓,吾未有如今日之游乐也。吾始行其原,麦穗摇风,芳草迎步,翳彼珍木,间撷新花。见一鸟伤翼,思逐而捕之,失足池中,举体皆濡,鸟亦逝矣。道旁老翁,为爇薪,炭濡衣复燥。乃陟高山,吊前古之战场,揽天地之寥廓;意致酣畅,然后归也。"恩德留见罗伯与威廉同出一途,威廉所得甚多,而罗伯一无所见,乃怃然曰:"有是哉!一人开眼以行于世,一人行于世而合其眼。舟人之子,所历半天下,但能识酒楼之榜,及所至之酒价而已。庸人遍游欧罗巴,而无一物焉概乎其心;智者涉足乡间咫尺之间,而随在有所得以自乐。威廉识之,其自今益善用汝眼;罗伯识之,其知所以用汝之眼也。"至后,二子皆卒以有成。夫眼,人人之所同有也,而有见不见;心,人人之所同有也,而有觉不觉。人生一也,而成材之高下万殊,无不自己求之者。人身如一荒园,心如园丁;园之茂美,在乎园丁。人之自由,在乎方寸,故立志者先贵自觉也。

第一编　立志论

第二编

力行与勇气

第一章 力行论

学者,所以行之也;学而不能成行,无贵为学矣。故王阳明论知行合一,未有知之而不能行者;知而不能行,只是未知。此不独学问为然,凡事皆尔。古今成大业、垂令誉于后者,无不由于力行之功,勤勉服习,不至于其鹄不已。然其要惟在一心,先能制得此心,则百事可为;一心尚把捉不定,则昏惰之气中之,所如必败矣。故力行者又首须克己。盖自见之谓明,自胜之谓强;既明且强,何求不得?曾子曰三省其身。管宁尝一日科头,三晨晏起,以为终身憾事。许鲁斋避乱,尝以暑月过河阳,道喝[1]甚。道旁有梨,众争取啖,鲁斋独危坐树下自若。或问之。曰:"非其有而取之,非义也。"人曰:"世乱无主。"曰:"梨无主,吾心独无主乎?"吴康斋躬耕刈禾。镰伤厥指,康斋负痛曰:"何可为物所胜!"竟刈如初。西哲楷脱(Cate)谓平生有三大恨事:尝以一密事泄于其妻,一

---

[1] "喝",疑为"渴"之误。——编者注

也；有为陆行可达之途，而曾取海道，二也；尝空过一日，无所事事，三也。豪杰之士，必各有其克己之方，虽取义不同，而同以能自胜为主。惟能自胜于内，故能发名成业于外。世徒见其力行卓绝之概，以为难及，不知其操存之有本也。

夫惟操存有本，则其应事之精力，自越于恒人。然所谓力行者，非空言也，非必高远难知之事也，亦惟就人间日用常行者加之意而已。人间日用常行之道，能教人增其奋发之实力。人虽终身受教于小学、中学、大学，而尚有不足语此者。希来尔（Schiller）所谓人类之教育有非学校教育之所能尽者是也。吾人即人生日用之道而深察之，随处可得克己自修之方。与利人及物之义，大抵积之以经验，反之于己身乾乾不息，则无时无地，不足以见力行之效。若夫就一学术、一事业之专精不懈，终底于成者言之，其力行之功，亦不外于勤勉有恒。虽薄技小数，能致其巧，亦断非偷惰者所能达。至于富倾郡县，名满天下，智周万物，功济海内，若而人者，其才望声势所由来，尤莫不赖勤勉之手足与勤勉之脑力。此勤勉之手足，勤勉之脑力者，父不能传之于子，子不能受之于父，全在人人自尽其力而已。

勤学之人，自古多有，往往起自孤寒，刻苦自属，卒成儒宗。董遇少孤贫，性质讷而好学。汉末，关中扰乱，与兄采稆负贩，而常挟持经书，投间诵读，后为大儒。王育少为人牧羊，每过小学，必歔欷流涕。有暇即折蒲学书，忘而失羊，为羊主所责。育将鬻身以偿，同郡许子章闻而嘉之，代育偿羊，给其衣食，遂以学显名。皇甫谧少不好学，游荡无度，人以为痴。出后叔父，其叔母任氏，责之至流涕。谧素孝，乃感激，就乡人席坦受书，勤力不懈。居贫躬自稼穑，带经而农，博通典籍百家之书，遂成大儒，学者号"玄晏先生"。刘孝标家贫好学，自以少时未能早悟，晚更厉精。从夕达旦，或时昏睡，蓺其须发，及觉复读。以是明慧过人，博极群书，文藻秀出，南北学者，莫与为匹。祖莹八岁即耽书，父母恐其成疾，禁之。莹于灰中藏火，候父母寝后夜读，仍以衣被塞窗，恐为家人所觉。内外亲属，呼为小圣儿。后长，名位显达。范文正公少时，食贫力学。有读书帐，为灯烟所熏，顶色如墨。及显达后，夫人持此以示子孙。邵尧夫读书于百原山中，冬不垆，夏不扇，夜不就席者三年。张横渠谒告西归，终日危坐，左右简编，俯而读，仰而思，有得则识之。或中夜起坐，取烛以书。刘蕺山曰："古人当困窘之时，又际离乱之乡，谋生且不暇，犹然矢志不辍。今世胄之子，父兄在上，师傅在前，春秋方富，日月正闲，无杂务以经其虑，无衣食以累其心，而偏不好学，真天地间大罪人也！仰负日月，内负父师，清夜自思，能无愧悔？"吾国勤学成名者至众，兹略述一二而已。

夫为学之勤勉，不仅在于讽诵，而又在于有深湛之思。孔子曰："学而不思则罔，思而不学则殆。"故学必与思交资。所谓勤勉，非徒在外，尤必内有勤勉之脑力也。奈端为旷代之大学者，或问其依何方法，多所发见。曰："吾能深思而已。"又尝自述其勤学之要，曰："吾于事物有所疑者，则坚识之不敢忘，徐则渐有所见矣，又徐则昭然若发蒙矣。必俟其全体涣然冰释，怡然理顺而后止。此吾所以勤学之要也。"盖勤学不可兼营并进，格此物未通，不可又格他物；穷此理未达，不可更穷他理。必逐件格去，循序旁及，是真能勤学也。爱博则情不专，虽终日劳苦，所得必尠矣。

孔子曰："学而时习之。"盖习惯则如自然。勤勉者，实时习之功也。吾人最宜养成习劳之性质。人能习劳，则处世较易。习之奈何，亦于其事反复之又反复之而已。反复习而不已，无论如何难事，皆不见其难。英之大政治家罗伯比耳（Robert Peel），其始亦不过中人之材，而为英伦上院辨说第一之人物。先是，罗伯比耳儿时，其父每教其背诵礼拜日之说教词。始以为苦，久而纯熟，反复不已，辨才遂增。众每见其出席议会，屡折政敌之口，而不知其自幼已积服习之功也。服习之久，则虽琐细之事，而可以通于神明，冠绝天下。庖丁为惠文君解牛，手之所触，肩之所倚，足之所履，膝之所踦，砉然向然，奏刀騞然，莫不中音；合于桑林之舞，乃中经首之会。君曰："嘻，善哉！技盖至此乎？"庖丁释刀对曰："臣之所好者，道也，进乎技矣。始臣解牛之时，所见无非牛者。三年之后，未尝见全牛也。臣以神遇而不以目视，官欲止而神欲行。依乎天理，批大却，导大窾，因其固然。技经肯綮之未尝，而况大軱乎！良庖岁更刀，割也；族庖月更刀，折也。今臣之刀，十九年矣，所解数千牛矣，而刀刃若新发于硎。彼节者有间，而刀刃者无厚；以无厚入有间，恢恢其于游刃必有余地矣。虽然，每至于族（读作腠），吾见其难为，怵然为戒，视为止，行为迟，动刀甚微，謋然已解，如土委地。提刀而立，为之四顾，为之踌躇满志。"孔子观于吕梁，悬水三十仞，流沫三十里，鼋龟鱼鳖之所不能游也。见一丈夫游之，以为有苦而欲死者也，使弟子并流而承之。数百步而出，被发行歌而游于塘下。孔子从而问之曰："吕梁悬水三十仞，流沫三十里，鼋龟鱼鳖所不能游。向吾见子蹈之，以为有苦而欲死者，使弟子并流将承子。子出而被发行歌，吾以子为鬼也，察子则人也。请问蹈水有道乎？"曰："亡，吾无道。吾始乎故，长乎性，成乎命。与赍俱入，与汨皆出，从水之道而不为私焉。此吾所以蹈之也。"孔子曰："何谓始乎故，长乎性，成乎命也？"曰："吾生于陵而安于陵，故也；长于水而安于水，性也；不知吾所以然而然，命也。"仲尼适楚，出于林中，见痀偻者承蜩，犹掇之也。仲尼曰："子巧乎？有道耶？"曰："我有道也。五六月累垸二而不坠，则失者锱铢；累三而不坠，则失者十一；累五而不坠，犹掇之也。吾处也，若橜株驹；吾执臂，若槁木之枝。虽天地之大，万物之多，而唯蜩翼之知。吾不反侧，不以万物易蜩之翼，何为而不得！"孔子顾谓弟子曰："用志不分，乃凝于神，其痀偻丈人之谓乎！"此虽出于庄、列寓言，然世之所谓绝技，固亦不外勤勉服习之功矣。

维阿灵（Violin）者，乐器之小者也，几尔的尼（Giardini）善之。或问之曰："学几何时，则能善此矣？"答曰："一日学十二时，须学二十年，殆庶几善之乎。"西方女子人人能为跳舞者也，达略尼（Taglioni）之学之也。日习二小时，其父督之至严。一日，急甚，气绝，父为解衣，取海绵遍拭其体乃苏。故遂以善舞名于世。夫小技而犹如此，况以绝一世之学、高一世之功，有不积其勤力而侥幸成之者乎？故凡为一事，当孳孳不倦，而不生厌恶之心；其劳愈甚，其心愈乐。惟能自得其乐，其勤勉乃足持久。知其乐而爱其味，斯有恒心；若以为苦，便弃之矣。当知勤勉为最大之职分，忍耐为最大之天才，作圣之功亦不过纯亦不已。进锐而退速，始勤而终惰，极是性质之病。儒教惟在变化气质，耶教惟在治人情性（英国某僧正之名言曰："耶教十分之九皆治人情性。"），去其惰性，守其恒心，乐所业而不疲，是谓力行矣。

比丰（Comte de Buffon）者，即常云"忍耐即天才"者也，盖为法国最大之博物学家。方其少时，亦中材耳；家本中资，顾不逸乐，惟学之为务。然思想钝滞，悟性极迟，又身体素弱，每致晏起。常欲力矫晏起之习，免费时于床褥之间，诏其仆曰："汝能每晨于六时前醒我者，每日赐汝银钱一枚。"仆如其言呼之，始则或云有疾，或至怒詈，坚卧不起。仆欲得钱，则日日呼之，终不肯起。一日，其仆思得一策，每晨盛冷水一盘，潜置其被底，比丰辄惊觉，至是遂能早起。尝告人曰："吾所著博物书，有三四卷，实赖吾仆之力所成也。"比丰每日日课，自九时至午后二时，夜课自五时至九时，未尝少懈，四十年如一日。其勤勉有恒如此。后之作传者赞之曰："比丰以劳作为至要不可缺，以学问为至乐不可喻。及其学之既成，犹曰：'若加我数年，我于学则庶几彬彬矣。'平生为文，意有未安，不惮数加改窜。所著《自然之研究》（Epoque de la Nature）一书，凡十一易稿。比丰治事极有秩序。每谓'人虽有天才，而无秩序，则其天才恒失四分之三之力'。其所以为一代作者，实由勤劳与专一而得之者也。"马丹来开尔（Madame Necker）评比丰曰："彼盖深信于一事精审不懈者为天才。常自述其著文之甘苦。初稿甫就，精力已大惫，然必更审核一过；即使自信篇中已无訾义，亦不肯轻置，必修正至于毫无遗憾，其心始安。不以为苦，且以为乐也，其自强诚不可及矣。"

斯各脱（Sir Walter Scott）者，苏格兰之大文豪也，所著诗歌小说最多，学者至今诵之。其勤勉有恒，亦非常人所能及。斯各脱初佣书于某法律事务所数年，其事虽极不足道，而自是养成勤劳之习惯。昼则从业，夜则力学。当时每为抄录一叶❶，得直三辨士。斯各脱一日能写百二十页，得直三十先令。稍稍以其余买书物，入夜诵之。斯各脱晚年，尝自夸为事务家，而讥世之文人，不能治事。以为每日以若干时用于实务，亦足增长人之能力，非为无益也。后为埃丁伯甫（Edinburgh）议会书记。每早餐以前，则从事文学著述；早餐以后，则至议会治簿书。盖其一年之间，费于实务之时，恒居其半。生计之资，必仰给于事务，而不仰给于文章，为其立身之定义。卖文所得，惟储备不时之需而已。斯各脱每日行事，不愆定晷。晨间五时，即自起篝火，理发整衣。六时，据案为学著文。案上书籍，秩列不乱，一爱犬卧守其旁。至九时、十时，家人请会食，而斯各脱一日之课已毕矣。平生勤勉自厉，故著述极富。治事而不夺修学之功，尤为文人所难能矣。

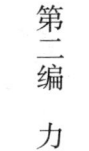

第二编　力行与勇气

夫勤勉之性，非必人人所生有，但一朝决心，痛自砥厉，气质自能改变。故顽童悔过，后以立名成学者多矣。撒谟德留（Samuel Drew）之事，即其例也。撒谟德留，刚瓦（Cornwall）人也。父以佣工为活，有二子，德留为季。家虽贫，犹遣二子入乡塾，每周才学费一辨士耳。德留兄曰雅伯（Jabez），颇好学。德留既愚钝，喜逐群儿为恶戏。八岁，其父使之给事一锡矿，日得一辨士。十岁，又去为靴工，大苦之。虽甚少，然窃慕为海贼，曰："苟得间者，吾将逝矣。"群童或掠邻人园果，德留恒为之魁，更好游猎私贩等不法之事。年十七，欲入军舰，未果，乃于蒲来莫斯（Plymouth）附近，自营制靴业。德留故习拳棒甚精，益与村人之为私贩者相结，同食其利，每以船舶私运货物。一夕，船至。德留与其党驾小艇以逆之，遇大风舟覆，落水几死。自是潜归寓所，深自悔艾，折节为善人。

❶ "一叶"，当为"一页"。——编者注

035

父念其诚，仍使为制靴业。闻牧师博士克来克（Adam Clarke）说教，大有所感悟，会其兄病卒，悲恨益深，乃发奋读书。然游荡既久，于昔日所学，了不省忆。修学七年，而字极拙恶。一友评之，以为如蜘蛛点墨行纸，而德留勤勉不衰。后尝自述曰："方吾之学也，读之愈多，愈觉吾之愚；既觉吾之愚，则读之愈力，不胜吾之愚不止。凡有暇晷，皆用以读书。然本恃劳作为活，暇晷至少，吾绝不以此自沮。"每食时即陈书于案，口食而目诵；食毕率尽五六页，以此为常。一日，读洛克（Locke）之《悟理论》（Essay on the Under-standing），大好之，始有志于哲学。曰："醒吾之醒梦，而使吾弃樊篱之观，以翔于寥廓者，惟此书也。"德留立志欲以己力设一肆，其实所有乃不越数先令。德留曰："是足以举吾事矣。"其人固诚实不妄，邻人乃奉之以金。德留纳焉，不逾年悉偿之，无所负。德留至是益刻苦，决意不假人一物，惴惴恐不副所戒；遇匮乏时，辄夜不举火，枵腹就卧也。然其独立之志，终由勤俭而成。又好学不倦，博涉天文、历史、哲学之书，尤致力于哲学。曰："吾知哲学为多荆棘之途，然吾固断然出于其路而不畏也。"久之，德留所造日深，遂为地方传道师。又热心政治，村人之好为政谈者，频集于其家，相与上下议论国之大事及民生利病。德留亦喜就诸为政谈者游；然不免夺德留治业之时，则往往中夜劳作以补之，村中皆知德留之存心经世矣。一夕，德留方持槌击鞾底，一童子在户外呼曰："靴工乎？靴工乎？白日闲游，夜乃操作乎？"会有友过德留，德留语之。友人曰："何不追童子而捉之乎？"德留曰："否否，吾虽闻大炮震耳，未必有所惊；独闻斯言，不觉槌鞾之堕于手也。因自省曰：'诚然诚然，吾将不使汝复有此言。此殆天所以诏我，我知过矣。自今以往，凡今日所当为之事，决不委之于明日；凡当劳作之时，决不废之于游惰。'"至是，德留不复谈政治，一意业务，有暇则读书；然以业务为第一事，决不移业务之时以读书也。德留既娶，妻仍患贫，思徙居美利坚，顾为业务所羁。其于文学，始则为诗歌，今所存尚有涉于灵魂不死之玄义者。德留无书室，以庖厨为书室，而以其妻之风箱为几案。儿啼声与诵读之声相杂，德留行歌著文其间不辍也。是时，美国作者彭因（Paine）《理性时代》（*Age of Reason*）之书方出，颇为世所传，德留辞而辟之。后尝曰："我之著书，实彭因之《理性时代》启我也。"自后，多所著述。久之，乃出《灵魂不灭论》，世大重之。其时尚设制靴肆也，鬻其稿得二十镑，在当时已为重价矣，屡经再版。后又主宗教杂志，时时出他书，多行于世。晚年自赞曰："余起自微贱，所以得有今日者，盖由正直、勤勉、节俭，而以道德自任也。天盖嘉余之志，而使余终有所成也。"德留晚年盖辍工作，而从文事矣。

旷代之名著，所以流传不朽者，盖多作者毕世覃精而成，非苟然而可获盛名也。哀笛孙（Addison）之为《旁观报》（*Spectator*），先预备材料，盈三巨册；奈端之撰《年代录》，凡十五易稿；嵇朋（Gibbon）之《备忘录》，凡九易稿；侯模（Hume）著《英国史》，一日之中，从事钞录者十三时；孟德斯鸠以其所著书之一篇示友人曰："吾子读之，顷刻而已终，吾之劳心于此者，则发亦既白矣。"贤者之于学也，其所得益深，则自视益歉然不足。一生，自大学毕业，往辞其师曰："吾已毕业矣。"师曰："若果已毕业耶？若吾则方始业者也。"奈端已学成卓绝如此，犹自语曰："余之学不过拾海滨之螺蛤，至于真理大海之浩瀚无际者，吾固未得问津也。"好学之人，尤不可忽小事；天下真理，每于琐屑不经意处见之。凡一绝技，其所以胜人，每在一二小处；真所谓精微，正要用力也。奈端见苹果坠地，而悟地有吸力；博士杨格（Dr. Young）见碱水发泡，而悟光线斜行之理。此盖由平日积理至深，乃能遇事有触，虽小事亦必致其格物之功，不肯轻易放过。可见古人之勤，易得开悟之机也。画家威尔孙（Wilson）作画，自始至终，不过规枕寻常粉本。大致已就，乃执笔凝视，略加一二点染，遂为神品。安日洛（Michael Angelo）为意大利名工，尝雕一像已成矣，其友再过之，而仍治此像也。怪而问之，曰："余修饰之，润色之，柔其形，暴其筋，翕其唇似欲言，直其肢似欲动，吾所以再治之也。"客曰："嘻，是小事耳。"曰："集诸小事则完其全体。能完其全体，非小事也。"夫不勤则莫精，不精则莫足为勤；既精既勤，又何加焉？

英国大雕刻家弗拉格门（John Flaxman）家故贫，其父设肆售泥型于人以自给。弗拉格门幼而体弱，不能行步，常倚枕，卧店柜后，作画学书自遣。牧师马若士（Mathews）者，慈祥人也。一日过其肆，见弗拉格门方读书，取而视之，曰："此非子所宜读者，吾且持佳书与子。"他日，以霍马（Homer）诗及《稽叔传》（Don Quixote）之译本来，弗拉格门读而大好之。虽萎弱，然诵此神怪游侠之事，怀跃跃不能已；私慕武勇，以英雄自负。初为画，极粗劣。其父尝夸示雕刻家路比力克（Roubilliac，路比力克忍俊曰："嘻。"弗拉格门闻之，益从事于画不辍，渐以灰蜡粘土塑像。今犹有藏其幼作者。少长，颖慧绝人，体气日硕健。始犹杖而后起，久之，不须杖矣。马若士见弗拉格门能起，要之于家；其妻为讲释霍马及米尔敦（Milton）之诗，又授以希腊、拉丁语。弗拉格门习之至勤，且时时作画，取霍马诗中事为画题而图之。及年十五，入美术学院。虽性至静退，未几，即崭然露头角，名出诸生上，人人皆望其大成。是年，得银牌奖。翌年，为当得金牌奖之候补生。已而，金牌为他一生所得。弗拉格门才故高，一为人胜，志气愈壮，告其父曰："待之，吾必冠吾曹也。"自是，弗拉格门益孜孜修业不倦。会其父所设之泥型市恒不售，家益落，弗拉格门决然为己任，割其为学之时日，佐父治事。弃霍马而躬坊墁，意自若也。弥与劳作相习，有以增其忍耐之力；终日勤勉，不以为苦。有威得吾（Jasiah Wedgwood）者，著名之陶工也。见弗拉格门之画，大激赏之，乃请弗拉格门为多出图样，将制新式之陶器。以天才如弗拉格门，宜鄙夷不屑，然弗拉格门立应其请。盖艺术之士，虽于模写茶具水瓶之事，亦非所能遗也。世人每以一技自矜，必累千金，始肯为富人作一画。究之，徒供一人一家之玩，于世何益？若用心于人生常用之器，寓其高尚卓荦之志，使之日陈于人人之前，以为箴规启迪之助，则其为教至切，为利至溥，技也而进于道矣。此固大美术之所为发奋也。方是时，陶器多苦窳，图画亦粗劣无深意，于是弗拉格门乃尽力以为威得吾谋。威得吾遍致自古以来陶器之可得者，列而使弗拉格门观之，相与准形定式。弗拉格门所出之图样，有取之古诗中者，有取之历史者，如博物馆中所陈之埃脱拉斯干（Etruscan）古瓶，亦多用以为式。当时司脱亚特（Stuart）所著之《雅典》一书，新出于世，中颇有希腊古器标本，为弗拉格门之助者不少，故其图样新颖无比。弗拉格门深以此为一大事业，无异一种社会公众教育。后恒用自夸，盖既因是使平日怀抱之美感，普及于世，又得自济其贫陋，而增进其友威得吾之业务，真一举而备数善也。西历千七百八十二年，弗拉格门年二十七，始娶妻曰安戴孟，赁屋与父别居。安戴孟好诗歌、美术，高尚纯洁之女子也。结婚之后，伉俪甚笃；从事劳作，精神益王。❶ 一日，遇画家黎诺尔支（Reynolds）于途。黎诺尔支固当时艺术界之前辈，美术学院之院长，而终身不娶者也。问弗拉格门曰："闻子已娶妇，果然，则子败矣，不复能为美术家矣。"弗拉格门遽归家，坐于妻侧，执其手曰："吾败矣，吾不复能为美术家矣。"妻曰："谁败子者？"弗拉格门以黎诺尔支之语告之。盖黎诺尔支夙为弗拉格门言，凡欲为美术家者，必屏去一切，自朝至暮，不以他事经心，而一意于美术，且当躬至罗马，纵观那斐勒（Raffaelle）、安日洛（Angelo）之名作，而后可庶几于有成。弗拉格门固已习闻其说者也。至是弗拉格门毅然起立，自耸其短小之躯曰："余必将为大美术家。"其妻亦曰："子必将为大美术家，且必至罗马，以副子之远志也。"弗拉格门曰："然则若何而可？"妻曰："勉力劳作，勉力节俭而已。余不甘令人谓安戴孟败汝事也。"于是二人如约，加意勤俭，以备为罗马之游。将行，弗拉格门谓妻曰："卿必与我偕往罗马，无令彼院长（指黎诺尔支）谓娶妻败吾艺也。"盖弗拉格门之蓄志远游，于是五年矣。此五年中，居于瓦德街（Waraour Street）之陋屋，无一息而忘罗马之志。不妄用一钱，日储所余，以为将来之旅费。然未尝言其志于人，亦不希美术学院之助，惟自信一己勤劳之力，可以达之。在此期内，其所雕像最少，以无资购文石。时为人建纪念碑，及佐威得吾，赖以自给，积五岁终得成行。既至罗马，励精勉学，间临摹古画以鬻于市。英人之旅是邦者，时求其画。或为摹霍马及唐特（Dante）诗中之

---

❶ "王"，疑为"旺"。——编者注

事，每幅率仅得酬金十五先令。顾弗拉格门非徒慕酬金，将资以习美术，虽金少亦不较也。然其画出，辄为赏鉴家所称美，声誉鹊起。及将去意大利而归伦敦，弗罗兰斯（Florence）及卡拿腊（Carrara）之美术学院仰其名，并推为会员。至还伦敦以后，踵门相请属者，日不暇给。尝为孟斯斐德卿（Lord Mansfield）造纪念像，宏壮严肃。雕刻家本克斯（Banks）过而观之曰："此短人出，吾辈皆在下风矣。"（弗拉格门躯干短小，故云）于是弗拉格门举为伦敦美术学院之会员，且教授于院中。以一泥型肆主人之子，而卒为一代美术大家，亦不过由勤勉之力，以战胜困苦耳。

弗拉格门佐威得吾改良陶器，既已述之矣。然威得吾亦有志人也。其资于弗拉格门者，图样耳。至于制炼之巧，使磁质纯白，冠绝前此所有，则威得吾自得之力为多。威德吾，极贫而又残疾人也，既得炼黑土为白色之术，又能造出磁器如玻璃，色白而有光。今欧洲所造磁器，大率犹沿威得吾之成法，而略加变通，未能大有以远过之也。一千七百八十五年，其制磁工场，以厚值役工人至二万。及千八百五十二年，专就其售于外国之磁器，已及八亿四百万也。相传欧洲制磁器法，实传自中国，故至今犹名磁器为支那（China），然其逐渐考核，亦多所发明。在威德吾二百余年前，法之巴立西（Bernard Palissy）尤精究制磁之学。西方陶人为世所称者多，巴立西事，最坚苦可传也，兹略述之于此。巴立西生于一千五百十年，父为玻璃工，家赤贫。巴立西幼时，无力就学，后自述曰："吾自人人所同见之天地以外，别无一书。"其失学之状可想。巴立西十八岁，其父之玻璃业益不支，乃辞父负囊出游。本稍习画玻璃术，初觅业于嘉士恭尼（Gascony），又学测量，往来法兰西、弗兰德（Flanders）、南德意志之间，未有定所。大抵浮浪者十年，乃娶妻而卜居于法之小邑曰三台（Saintes）者焉。仍以画玻璃及测量为业，未几生子，食指日增，所入渐不能给，念非改业不足自立。时法国陶器甚劣，巴立西思有以革之，欲求涂泑药之术，顾非所习。然自有生以来，皆矢志独学；凡读书习字，及今所资以糊口者，何莫非勤苦专心之所得，则泑药术又何难者？一日，见意大利名工所制之磁杯，彩色精美，绝品也。巴立西心动，欲躬往意大利传其学，有妻子之累，不得行。久之，乃决意自和泑药。购土制陶器碎之，傅药其上，投之灶中，冀有所得。计碎土壶无算，莫得其法，但费药物薪樵而已。巴立西以为灶之制不当，于户外更作新灶，益买药、爇薪、碎壶试之。巴立西故不中赀，坐是家益落，卒无所成，不得不仍理故业，而研究泑药之志，未少衰也。又购土壶、数十傅新药，假其邻制玻璃灶中烧之，居然有溶解者，但未得白色耳。巴立西益奋，续为试验者二年，所得赀垂尽。悉其所有，致土壶三百，碎而置药，投邻灶煅之，自坐守其旁。越数时，开灶检之，竟有一具，色纯白，大喜过望，归示其妻。其妻固忠实妇人，然频年见巴立西夺衣食之资，耗之无益之地，亦未尝不叹也。其后，巴立西屡试烧之，辄不复效。又自负瓦石，手筑新灶于其家之侧，八阅月而后竣。于是大集材料，审和药物，以为最后之试验。终日执薪坐灶旁，监视火候，饮食皆妻子持奉之；昼不移足，夜不解带，累六昼夜，而药之不傅如故。巴立西亦心力俱悴矣，犹曰："是用药必有未当者。"更益新药，越二周或三周，数数试之。资产悉已荡尽，无所藉以为继，乃称贷于友人，为孤注之一掷。未几，药仍未溶，而薪又告匮，急切不可断火，则折园篱以投之；园篱又烬，则举室中几案之类并投之，所余但一庋物架。妻子闻折木投器声奔至，则又举庋物架，纳灶中，而竹头木屑，一时都尽矣。妻子以为狂，奔告于人。然巴立西之试验，此次卒大有端绪：泑药溶解，寻常褐色之壶，冷后就灶取出，皆变白色。巴立西窃自幸，固犹未可以为成功也。遂觅陶工，自出模型，使造土器，涂以泑药。惟室家之奉无所出，幸一逆旅主人，素谂巴立西长者，许给饮食六月，俾得一意研究陶器之制造。所佣陶工，无以偿其直，至搜箧底之衣物与之，以代少分之酬。此六月中，仍屡遭失败。其穷益甚，衣履洞穿，腓肉尽脱，妻子咎其失计，邻里笑其愚顽；慨然自伤，复操故业。逾年，少能自赡，辄又从事制药。积日弥久，能自作陶器，渐谙药物之功能，知粘土之性质，悟炉灶之构造。综计先后共阅十有六年，而后其业大成。所制磁器，色至腴润，多绘野兽、蜥蜴、植物之类，并极精巧，至今美术家宝之。泑药虽非所谓绝学，巴立西素不习此，又不咨师匠，冥心独往，不底于成不已。食贫茹苦，宁弃置旧业，百计以求一当。室人交谪，行路不齿，而毫不摇撼，立志卓然如此，固非寻常所能望。则知凡创一事，未有不历艰难而可以侥幸得之者也。巴立西后尝自述其十余年中忍耐之境遇以告人云，所著有《陶器新法》及《农业博物》诸书，平生不信占星之术及方士炼丹之说。当时旧教行于法国，而巴立西独信新教，颇伸己说。恶者讦之，垂老而再下狱。显理三世自赴狱中劝其改宗，否则当婴焚身之戮。巴立西不为动，遂死狱中，年七十有八矣。

　　大美术家沙蒲尔士（James Sharples）亦以勤勉矢志而有成。沙蒲尔士本铁工之子，始居约克州（Yorkshire），后徙白里（Bury）。兄弟十有三人，幼时皆未入学校。少长，即佐父冶业。沙蒲尔士十岁，则亦从事锻冶之事。越二年，送之机器厂，亦其父所设也，而沙蒲尔士适给事于一铸釜匠人之下。每早六时即往，夜八时乃罢，父稍稍以暇时教之读，能略识字、记姓名而已。久之，铸釜之工长绘釜图，数使执线引墨。沙蒲尔士归，辄以白垩画地作釜形。一日，有亲戚妇人将至，家人箦除以待，而沙蒲尔士不知也，仍绘地狼籍殆满。母与客同至见之，将呵之。客曰："此子，勤勉可嘉。后宜供以纸笔，听其自习，将来未可量也。"既而，其兄劝之学人物、风景画。始但临摹石印画本，虽得其大致，而未谙画远景及光与影之法，然仍时时习之。十六岁，入白里机械工业学校之绘画班，其教师为一画家而兼营理发业者也。每周授课一时，沙蒲尔士受学者三月，其师教之至藏书室借阅拍纳特（Burnet）所著之《实用绘画论》。沙蒲尔士读书甚尠，诵拍纳特书，往往不解其文义，甚苦之。乃乞母与兄暇时为之朗诵，而己旁坐听之。念非晓自诵，不能了记书中之事，乃辞学校还家，专修诵解文字之法。未几，遂便通彻，再入学校，则不惟能诵拍纳特之书，且能撮录书中要义，以备后日之用。于是沙蒲尔士读此书至勤，每早四时即起，讽诵节录此书；六时，则赴冶铁所治工事；入夜归，则又诵此书，兼摹习古画，一夕摹意大利名画一帧。既寝矣，不能成寐，终更起摹毕之，至于达旦。既而欲学油画，购画布张之于架，涂以白铅，将加彩色，而画布粗劣，彩色着布不干，问故于师。师曰："为油画者，画布及彩色漆，不可不别备，当更求新品。"因详诲以画法，复以一先令购得《油画指南》一书，旦夕有暇则习之。家贫，添购画具，所费不赀。恐重两亲之忧，俟稍得资，即频以晚间工毕，步行往返十八英里，购一二先令之画品。归时率已中夜，或遇疾风甚雨，而沙蒲尔士处之至乐也。尝致书斯迈尔斯，论其初学油画学之情况曰："余自绘《月夜图》及《果实图》与他画后，欲取冶铁所而图之。先加以苦思，构一画稿于画布之上，欲其内部之状，与吾寻常所从事之工场无异。念不能描写人筋肉之形，使之毕肖，殊为憾事，是非通解剖学不可。而吾兄彼得（Peter）嘉吾之志，为致弗拉格门之解剖学研究书以相助。此书价值二十四先令，余之力固不能得也。及获此书，视为至宝，穷日夜读之。既苦人事，每于夜三时起，即便披览。常使吾兄立于吾前，以为吾作画之模范。其后，又念吾不知绘远景之术，乃求泰罗（Brook Taylor）所著书读之。方吾之读之也，苦无暇晷。在冶铁工场之中，恒求铁之重者冶之，盖铁重则不易镕，吾得以其隙诵习，非如轻铁顷刻即镕化也。故吾绘远景之术，实得之冶炉之畔。"沙蒲尔士自述之辞如此，其勤苦力学之概可见矣。后又学为雕刻，尝雕冶铁工场图于钢板，见者莫不服其精。今略举其自述学雕刻之始曰："余偶见钢板肆之广告，大小钢板，并直之高下具有，可以定购。吾因以直往，且购雕刻之具数事。其始刻之甚难，念器具未备，则以意自造器具试之。初不甚合用，后则居然可用矣，他亦多出于意匠。余既习画，虑钢板置久锈蚀，则涂以油。久而油垢黏塞，剔除不易。继乃思得以梭打和水煮沸，投板于中，复出而以齿刷细拭之；油垢尽去，吾之能为雕刻。固未尝学于他人，亦不求他人之助，全恃一己勤勉之功而自得之也。"

夫人生受相当之教育于学校，因而成名者固众。若夫处贫贱之家，不经师受，而锐意不懈，卒达所志，此其勤力勉行，尤为难能。故略述以上数家之事，使览者有以兴起焉。音乐家亦多卓绝之士，如海丹（Haydn）曰："吾之于技，凡一事必穷其所以然。"莫沙特（Mozart）曰："吾以劳作为至乐。"毕托温（Beethoven）曰："真聪敏勤奋之士，其向上之热心，无有止境。断无立界石自限，而曰此为至远而无以复加者也。"上并音乐大家之名言。美术、音乐之类，非人人所能工。世每以长于音乐、美术，必具特别之天才。今称其事，以见即学术之关于天才者，犹无非自勤勉而得之人心之灵。宜无不可能者，视乎勤勉与否而已矣。

今更述世界名人厉人勤勉之语。士弥斯（Sydney Smith）曰："人能自致于卓越之地，唯有一法，即勤勉是已。"斯各脱曰："人必勿贪安逸。"福禄特尔曰："立身之道，惟在劳作不已。"威伯士特（Danial Webster）曰："吾每日必劳作十二时，至今无有间断，盖五十年矣。"盖勤勉者，人生之职分；自尽吾之职分，故不可不勤勉。大禹之惜分阴，陶士行之运甓，岂有所利于其间哉？君子之于所业，固常汲汲如不逮，而不敢自暇逸。吉人为善，惟日不足；凶人为不善，亦惟日不足。但其所业为有益于人生日用，而能自尽其勤勉之职分者，皆可谓之孳孳为义也。士农工商何择焉？国民皆有勤勉之精神，此罗马所以霸。及其后，务求富与多蓄奴隶。视此二者，以为在勤勉之上，则国势顿衰。民放于恶德，习于逸乐，驯致败亡，不可复振。当时之政治家及学者，不得辞其咎也。西塞罗（Cicero）尝谓工匠为贱业。亚理士多德谓，治理之国，不当许工人为市民。盖生而为工匠或奴隶者，必不能实行人道中之德义也。夫士农工商，皆人生之正业，孰得以工人之勤苦尤甚者而独贱之？耶稣之言曰："尔劳动者、负戴者，咸来余前。"是耶教亦不贱工人矣。

第二章　勇猛精进主义

　　力行者虽在勤勉，而所以能勤勉者，必先有勇猛精进之志气，故曰仁者必有勇。即有仁心，而无勇者不能行之。今辄以此别出一章，其事容与前章相出入，而注意不同也。亚历山大之出征也，其麾下一将以攻敌之要塞不下，归报曰："余实不能下此要塞，以其势不可能也。"亚历山大叱之曰："人苟欲之，岂有不能者？"亲督三军，一举陷之。苏瓦罗（Suwarro）戒常失败者曰："子之失败，因子仅半决心而已。决心有道，凡所谓不知、不能、不可能者，亦学之、为之、试之而已矣。"拿破仑曰："'不能'二字，惟见于愚人之字典。"此皆有勇者之言也。有勇之人，乃能成大事。米那波（Mirabeau）曰："决心之人，则无不可能。决心者，是成功之唯一要诀也。"马敦引一杂志记者之言曰："世人有三种：一曰决心之人；二曰不决心之人；三曰不能决心之人。决心之人，事无不成；不决心之人，反之；不能决心之人，亦事事失败也。"

　　斯巴达一青年告其父曰："我剑过短。"其父曰："汝进前一步可矣。"古代诺尔曼人之恒言曰:"余不信偶像,不信鬼神,惟自信我身身体与精神之力量而已。"此言深足以表条顿民族之特性也。又诺尔曼人古之冠铭曰:"余若不得途以行,则将自辟一涂以行。"白人子孙,所以能独立不倚者,其遗俗相承远矣。法兰西人有欲置产于某地者,其友戒之曰:"曩吾见彼地之人,有入巴黎兽医学校者,击铁砧且不能用力,其民必弱,乏于精力。若置产是间,非子之福也。"盖个人之力,即国家之力;个人之力弱者,国何有矣?法兰西之谚曰:"其人足贵者,斯其土足贵。"个人之勇气,顾可忽乎哉?

有勇气斯有精力。人生之大事,无过于蓄养精力者。有一定之决心以趣善道,是人格之根本也。精力既强,则能在俗务上磨炼,不惮经历烦琐无聊之事。以上趣高明广大之域,故成事之功。天才不若精力,天才常患蹉跌,而精力一贯,无所不届。与其有卓越不群之材干❶,毋宁有贞固不二之目的也。所谓精力,即意志之坚忍耐久,而确乎不拔者是也。是曰意志之精力。意志之精力,为人格权威之中心。一言以蔽之,无此意志之精力,亦无复为人矣。人之起而行,则此动之也;人之勉而进,则此推之也。真正希望,建于此上;而能与人生以真味者,此希望也。西方古盔之铭曰:"希望者,我之力。"夫此语固人人所当以自铭者矣。西拉克(Sirach)戒子,语曰:"怯心者,祸之首。"大哉心乎!人有壮心,福莫大焉。纵事有利钝,内省不愧也。

天下事莫不成于有必,而败于有待。行则行耳,何待之有?故曰:"需者,事之贼也。富贵不能淫,贫贱不能移,威武不能屈,此之谓大丈夫。所志一定,则外物举,不足以阻

---

❶ "材干",当为"才干"。——编者注

我；一切艰难困苦，不过适以为吾成功之助而已。"侯弥勒（Hugh Miller）尝自述曰："吾以世界为一大学校，而以艰难困苦为尊严高尚之良师。人之甘处驽下，惮于劳作者，无有不败；惟遇事引为己任，行之至敏，乐而不厌者，往而无不济也。"瑞典之查礼九世，最信意志之力。其子方幼，遇有所难，即拊其首而诏之曰："汝必可为之，汝必可为之。"盖欲于蒙养之时，去其畏难之心，使成习惯；一旦长大，则难事无不易也。勃格斯通（Fowell Buxton）为十九世纪英之慈善家，以为人之于事，虽以寻常方法行之，但加以特别之专心，未有不成大功者。盖人于一时一事，无不当用其全力。所谓勇力，亦如是而已。

世之难事，无不以勇而成；人之所以得进步者，无非由意志之努力向前。以与所谓困难者战，卒之难者变为易，不可能者变为可能，可能者变为实在，而性懦者恶乎知之。著作家华开（Walker）能坚持其意志之力，尝云当其病时，辄自决心曰："吾愈矣。"而病果愈。此虽未必恒人所能，然意志一决，每得以精神之力，统驭肉体。昔斐洲黑人之酋长曰莫拉克（Mulez Moluc）者，素骁勇，方与葡萄牙有衅，而忽罹将死之疾，战垂败矣。莫拉克自榻奋起，率士卒驰之，大破葡人之军，及归，然后气尽而殒。夫鼓将死之勇，犹克敌制胜，转败为功，奈何人而不用其意志之力乎？

自由意志之说，古之言哲学、言伦理者，多有异论。然征诸近世之辨议，固弥信自由意志之说为可立。即谓人之生世，能自以己意选择于善恶之间是也。夫人生岂徒如浮水之草，但逐水之所向而流？固当如泅水者，能以己力，自为出没，东西左右，惟意所如，而不为水所命。当知情意之主，是谓无制。

我之行动，我实为政，决非有如魔术禁诅之类，可相拘束。不达于此，则所欲不得。世间万事，人生万行，乃至社会之序，公共之法，莫不以自由意志而得成就。不信自由意志，则举世复何有责任？一切教训，一切法律，何所匡矫？此义至明！故意志之为自由，不啻吾人良心之宣言，不容更持他说。自由而进于善也，亦自由而进于恶也。吾非习惯与物欲之役。习惯与物欲，实我主宰而进退之。良心诏我以此主宰，而后决意奋勇以战胜之者也。

所谓真勇者，即有一定不可易之意志是也。拿门莱（Lamenais）（十九世纪法国著述家）诫一少年曰："子方少壮，正是决志之时。日月一过，则将自瘞于墟圹之中，虽宛转呻吟，莫能破其缄石以自出。"夫使人易成习惯，未有如意志者。其亟求强固缜密之意志，使子浮游之身，定于一朝，无为久如风中之叶，东西摇转也。夫人心之微，瞬息百变，能使之定于一而不易，非大勇者不能。故古之具最大之决心者，必有所驱之而然。或为争光荣。烈士徇名，无所不至，野心之英雄，如拿破仑亦以光荣为第一义者也。或为自尽其职分。知职分之所在，不惜冒万死以蹈之，纯出于良心之命令，不得不尔。此固犹优于徒争光荣者。要其决心不二，大抵所同也。奈尔孙（Nelson）、惠灵吞（Wellington），其言论、书札之间，时兢兢以职分二字自厉。余如克莱武（Clive）之治印度、克林威尔之变英、华盛顿之兴美，其平日勇敢不挠，卒成大功。何一非迫于职分之不容自已，而决志以为之乎？尼罗（Nile）海战将开之前一日，奈尔孙将军会麾下各舰长，授以作战计划，甚为周密，各无间然。伯利（Berry）大佐拍案叫绝曰："吾辈若胜，世人当云何？"奈尔孙徐曰："子不当云若胜，直当云必胜。吾辈之胜算，此时已决，惟孰能出万死一生以战时所见语人，则此时殊不能决耳。"各舰长兴辞，奈尔孙又莞尔而言曰："明日此时，吾辈不受国勋，即荷国葬；二者必居一于此矣。"是役也，使英国海军著大名于世。盖勇者决胜于几先，而怯者兆败于未作，一成一败，意志之力而已。

　　一事之成败，其几至微，间不容发，惟大勇者乃能当机以树功，因祸而为福。豪杰之所以异于众人者，决志于内，而行之必果必敏，迟则败矣。列德雅德（Led-yard）者，著名之探险家也。将远游亚斐利加，或问之曰："何日将发？"曰："明日。"白鲁歇将军（Plucher）（普鲁士之将军）克敌至捷，当时有飞将军之号。甘白尔（Colin Campbell）奉督军印度之命，问以何时戒行。曰："明日。"凡成大事者，无不立时决志，稍纵即逝。人将胜我，我能自建其迈往之精神，则能鼓人人之勇气以从我，其胜敌必矣。拿破仑尝自述曰："亚哥那（Acola）之战，余以二十五骑战胜。当时，余见军士有怠色，余给各人以一喇叭，吹声助之，竟以寡胜众。两军方交，各务用其威以相凌，我若稍有恐惧之色，即为敌所乘矣。"又曰："善战者当于将败之瞬时，而成决胜之机会。"又谓："澳大利人之败，实坐不知时之可贵，而自失其机。方彼踌躇之间，我已起而破之矣。"

　　夫克敌治事，既非勇无以济之；人于社会事业，能行以刚毅不拔之气，其成功必有可称者。请述英国汉威（Jonas Hanway）之事。汉威以千七百十二年生于坡支莫司（Portsmouth），少孤，母挈之至伦敦，备历艰苦。年十七，至力斯本（Lisbon）一商家为幼徒。汉威细心以习事务，谨密不苟，举动端

---

❶　"澳大利人"，疑为"意大利人"。——编者注

悫，识者莫不贤之。千七百四十三年，归伦敦，有荐之于俄京圣彼得堡之英国商会者。时此商会方营商业于里海，其势未盛也。汉威至，欲扩张之，乃自运英国布疋二十大车，进向波斯道经里海之东南岸。忽遇劫盗，货物尽失，后虽以计夺回其一部，而所损已至巨矣。是役也，汉威几不免，盖又取海道而后得脱。汉威虽遭此败，而自决其心曰："余决不失望。"归彼得堡，经营五年，所业大进。会汉威之戚某，故富家也，其死以巨资遗汉威，汉威于是返伦敦，盖千七百五十年也。方归国时，即自言曰："吾此次归国，一则将休息吾身体，以吾体气极劣；一则将有所为，以利于己身及他人者。"自是汉威遂投身慈善事业，自奉极薄。初，则改修伦敦大道，行人便之。千七百五十五年，传闻法人将侵英，汉威欲筹良法，养成海军军人，使不匮乏。会集商人船主以议其事，乃立一海军协会，奖厉❶陆上少年义勇兵，劝之服务军舰，而汉威为协会会长。此协会利益于国家甚大。越六年，共养成海军员役五千四百五十一人，义勇兵四千七百八十七人。以后，岁招贫家子弟六百人，教以航海之事，颇足资商船之用。汉威既创此举，复以余力营他种公共建筑之事。先是，葛朗（Coram）建育婴院于伦敦，专以收养弃儿，然自是弃儿者转多，利害相半。汉威乃悉心以矫其弊，非察其极贫者，辄不收养，惠行而不滥。贫儿入院，每积惨郁不适，多致夭死，汉威设为种种之方法以育成之。每亲探贫民之家，访其疾苦，设贫民病院。又至法兰西、和兰❷等处，考究贫民院之办法。于社会慈善事业，孳孳不怠，且不求助他人，而以一身自任其事，可谓难矣。汉威游历各国

---

❶ "奖厉"，当为"奖励"。——编者注
❷ "和兰"，今作"荷兰"。——编者注

以调查慈善事业者五年，及归国，以其所得，著为书。于是国中之贫民院，多所改革。千七百六十一年，汉威所建议得行，国会著为条例。伦敦各地，每年小儿之出遣者若干，收受者若干，并当登记其数。汉威恐奉行不力，自助之董理。每日上午，次第视察贫民院，下午则访代议士；不避劳怨，至于十年。后，又由汉威建议，得发布一条例：凡死儿名籍所在之奉领地，其婴儿不得遽送入贫民院，当送至市外数里之地，长养至六年，乃入贫民院；市外育婴事之管理人，每三年公举任之。贫民呼此条例为婴儿保身条例，全活者甚众。其余汉威在伦敦所创之慈善事业，不一而足。济灾恤难，惟力是视。伦敦市民，嘉汉威之劳，请国家有以表异之，而汉威不知也。未几，任为海军给粮委员。汉威晚年，精力益衰惫，然不肯自休。始发起星期学校，又为种种救助黑人，及保育婴儿之计划，力疾黾勉，乐而忘苦。其道德之勇气，为恒人所不能及。英人之好慈善事业，实汉威三十年间独力倡导之功也。汉威为人，清节真实，与人诚信，片言必践，家资悉用惠施，卒年七十四，身后仅余二千磅，亲友无受之者，仍以散诸孤穷焉。

前章已述美人倡论解放奴隶之事。英人之以解放奴隶为志者，亦有数家，今但略记夏伯（Granville Sharp）之事。夏伯，始一麻布商家之幼徒耳，后为大炮局书记。职虽卑微，已有志于解放黑奴矣，凡事勇进敢为。方其在麻布商家，与一同业者论宗教，偶及耶经某处，夏伯误以为三位一体之说。其人曰："君未解希腊语，故有此误也。"夏伯乃每夕学希腊语，未几遂通之。又有一同业者为犹太人，相与解释《旧约》之预言，夏伯遂通希伯来语。夏伯之昆弟有为外科医者，施疗贫民。有一黑人乞诊，此黑人名斯脱龙（Jonathan Strong），斐洲人，本伦敦律师巴拔多（Barbadoer）所买。主人遇之甚虐，遂至跛脚，目几瞽，不能从役使，主人逐之。穷悫病饿，乞食于道，闻沙伯之弟善人也，问而踵门。沙伯之弟深悯之，与之药，且送之入一病院，黑人寻愈。沙伯兄弟力护之，因善为之地，给事一药市，垂二年。一日，忽为旧主巴拔多所见，欲再得之，告吏人捕斯脱龙于狱，将俟载之赴西印度。即取之狱中，斯脱龙在狱中遗书夏伯求助。时夏伯偶忘斯脱龙名，使使者讯之，狱吏谓无此人。夏伯大疑，乃自往必欲见所谓斯脱龙者，狱吏许之。夏伯顿忆即前此乞诊其弟者也，遂谓狱吏，勿以此黑人与他人，吾且告市长。乃告市长，请召质无票而拘黑奴之人。市长廉知斯脱龙已为旧主所弃，夏伯遂得直，而以斯脱龙归。巴拔多不服，将讼之，与夏伯书曰："子横夺我黑奴，吾不甘也。"当是之时，英国个人自由权利之保障，犹未如今日之明确。或强人充海军役，或诱人至东印度为佣，或载之美洲殖民地；出买黑奴之广告，与悬赏募获逃奴，皆公然登诸新闻纸；法廷[1]于处分奴隶之讼案，率以意出入，无定律；虽舆论有谓英国不当置奴者，而有名之法律家，或不以为然。夏伯既将与斯脱龙之旧主人涉讼，始亦谋诸律师，佥曰："凡黑奴来英国者，即已失其自由，此无可辩解也。"他人闻此，殆无不自沮，然夏伯之热心及勇气，必欲使奴隶还复自由而后快。今法律之士，即莫余助，余不可不自为辩护人，惟平生但诵圣经，未尝学律。乃至书肆，大索法律书，于治事之隙，勤心披诵；蚤作夜思，冀得一当。凡关于英国个人之法律，若议院之法案、法庭之判决书、法律家之解释，皆一一提要钩玄，悉心研讨。不二年，尽通法律之学，因大喜曰："英国法律固未尝以蓄奴为

---

[1] "法廷"，当为"法庭"。后同。——编者注

直,异哉诸律师之所以告我也。"遂著一书,斥言以人为奴之事,实英律所不许,因自印而分贻当时之律师。夏伯于法律,悉自一己力学得之,非有他人为之助发其意。斯脱龙之旧主,见夏伯持议甚正,自求罢讼,夏伯不可。后,卒由原告偿讼费三倍寝其事。自是,遇有贩买或虐待黑奴之事,夏伯即起为之保护,诉诸法廷,卒得解放。夏伯辩论既多,公理愈明,法律家渐从其说,终许黑奴享有自由之权。买卖黑奴之事,因以绝焉。当时持解放黑奴之议者,又有克拉克孙(Clarkson)、韦伯福士(Wilberforce)、勃格斯通(Buxton)、白劳韩(Brongham),而夏伯持之尤力。方举世莫悟其非之日,夏伯独本其不忍人之心,与法律家争,与自古以来之弊习争,勤勤恳恳,引为己任,非大勇者孰能若是?于是其志竟达,黑人得蒙其福。士苟存心于济物,于人必有所济信矣。

　　文学家有勇猛之决心,以处事治学者如斯各脱(Scott)。方五十五岁时,负债累六十万圆。斯各脱毅然曰:"吾必悉偿之,虽一钱不可负也。"此铁石之决心,贯于身体及脑力,以影响于各种之官能。——神经纤微之中,皆深印此负债必偿之语,而咸集其力于著述,卒以鬻文之所得,悉了宿逋。其日记中有曰:"方余劳惫,不胜其苦,恒欲得静卧,一瞑不视,然其势不能。余终战而胜之。人有确乎?不拔之志,则其能力增长之度,直不可限量也。"巴尔萨克(Balzac)幼好文学,其父告之曰:"汝亦知文人不为王,即行乞乎?"巴尔萨克答曰:"儿必为文学之王。"盖经历贫苦者十年,遂文冠一代。达尔文(Darwin)之立志亦甚勇。终身常在疾病之中,而能决意自忍其苦,自其妻外,无人知者。其子述其行状曰:"吾父四十年间,殆无一日知健康之福也。"然达尔文四十年中之成就,虽使精神、体力异常之人，殆亦莫能逮之。盖其身虽弱，而心专志固，不肯自休，以为吾一自休，即实证我之弱矣。彼之恒言曰："执固者，常成事。"其《种源论》搜集材料，至二十年而后成书；《人源论》搜集材料，至三十年而后成书。真大勇可畏之病夫也！

美洲独立，亦其军民能奋其勇猛爱国之诚心之所致。英国士官尝奉使于独立军，告别将去，马黎翁将军（General Marion）止之曰："顷已届食时，愿得奉盘餐而后去，不亦可乎？"使者四顾，未尝见有餐具陈列，心颇异之，然亦只得逊谢就坐。将军即命仆人进餐，仆人乃于灰中拨出烧芋数具以进。将军徐曰："军中以此享客，殊为不恭，然在我军，则已为美馔矣。"使者勉进芋，不觉失笑，因曰："将军恕余，余实不能自禁。"将军曰："此宜与吾子军中之食，有天渊之异。"使者曰："否否。吾意将军见留，必适直有嘉肴，且将军平时自奉，亦必视此为优。"将军曰："平时尚劣于此，烧芋已为难得。"使者曰："嘻！子必于军中之粮食费，有所减削。"将军曰："虽一钱无私。"使者喟然曰："然则子固不能供军实，何以忍此？"将军曰："否否。不然！吾辈发乎情之不能自已。情者，人之所同有也；情之所至，何事不可忍。今若令一青年为人奴十四年，彼必不欲，然一旦情爱所缚，如雅各布（Jacob）之于拉锡儿（Rachel），虽掷十四年以徇所欢，心犹甘之。吾之所处，殆亦类是。吾今为情所缚，吾所爱之美人，名曰'自由'。吾心至乐，而为之战。虽食木根，甘于王者之玉食。"使者思之。"吾每步祖国之原，念所以毋忝我所生者，心辄怦然。仰视森森之木，后世谁当知我者？故今为子孙之自由，及其无限之幸福，而愿致其犬马之力。虽不自揆，聊以自慰也"。使者既归，嗒焉若有所亡。军长问之曰："何也？"曰："有大故。"曰："马黎翁将军拒子谈判乎？"曰："非也。"曰："岂华盛顿又胜，我军失利乎？"曰："尚甚于此。"因太息曰："嗟乎！美将军及其军士，不受饷给而力战；寒无衣，饥无食，食木根而饮溪水，曰：'将以求自由也。'吾等奈何与若斯之人战乎？"使者出，遂辞职归。知美人之大勇与诚心，必将有成，不可胜也。

然则人欲成事，不可不先培养其意志之真勇。哀默孙（Emerson）曰："浅薄之人，凡事皆恃侥幸而倚事境，今日戴此人之姓名，明日又为他人；一则曰此，一则曰彼。刚健之人则不然。所信为因果，吾自造因，自食其果，他何有者？自来成大功，皆由此道。世间开物成务，未有不循因果之定法者也！盖能去其侥幸、倚赖之心，真勇自见矣。"柯伯登（Cobden）曰："侥幸者，常待物而转；勤勉者，其目眈眈，其心刚强，为物所待而转。侥幸者，如高卧帷床之中，冀邮筒自天而降，得承继遗产之嘉音；勤勉者，黎明而兴，奋其笔锥，以自竞于生存之地。侥幸者苦，勤勉者乐；侥幸者恃偶然，勤勉者恃人格。"故人生之大义，在以勇气贯彻其意志；当自拓一境，以为吾安身立命之所，则他人不能干也。吾但自信而力趣之，充其所欲为，不可间断，不可怯懦，未有不成者也。立心当如日沃雪，如雷震蛰，凡有未至，责己而已。

第三章　坚忍论

夫力行者必有勇，既如前述矣，然所谓勇，非一时之客气而已，在有坚忍之力以持之，久久不懈。前所称成大功者，类具此坚忍之力。今更专论之于此。

《列子》记愚公之事，亦教人坚忍之寓言也。其言曰："太行、王屋二山，方七百里，高万仞，本在冀州之南，河阳之北。北山愚公者，年且九十，面山而居，惩山北之塞，出入之迂也。聚室而谋曰：'吾与汝毕力平险，指通豫南，达于汉阴，可乎？'杂然相许。其妻献疑曰：'以君之力，曾不能损魁父之丘，如太行、王屋何？且焉置土石？'杂曰：'投诸渤海之尾，隐土之北。'遂率子孙荷担者三夫，叩石垦壤，箕畚运于渤海之尾。河曲智叟笑而止之曰：'甚矣，汝之不慧。以残年余力，曾不能毁山之一毛，其如土石何？'北山愚公长息曰：'汝心之固，固不可彻。虽我之死，有子存焉；子又生孙，孙又生子；子又有子，子又有孙；子子孙孙，无穷匮也，而山不加增，何苦而不平？'河曲智叟无以应。操蛇之神闻之，惧其不已也，告之于帝。帝感其诚，命夸娥氏二子负二山，一厝朔东，一厝雍南。自此冀之南，汉之阴，无垄断焉。"又释氏书言，普陀大士初修行时，穷苦无所见。将下山，遇人于水边，磨一铁尺。问磨此何用，曰："将以为针。"大士笑曰："铁尺可为针乎？"其人曰："今生磨不成，后生亦磨得成。"大士大悟，再归普陀而成道。此皆教人忍耐。人能如此忍耐，何事不可成乎？荀卿子曰："积土成山，风雨兴焉；积水成渊，蛟龙生焉；积善成德，而神明自得，圣心备焉。故不积颐步❶，无以致千里；不积小流，无以成江河。骐骥一跃，不能十步；驽马十驾，功在不舍。锲而舍之，朽木不折；锲而不舍，金石可镂。是故无冥冥之志者，无昭昭之明；无惛惛之志者，无赫赫之功。"此亦言为学者，当坚忍耐久，则小者成大，拙者胜智也。

　　前章所论美术家弗拉格门、陶人巴立西，皆富于坚忍之力以成事者也，今更述一二名人之事。美国鸟类学者奥杜朋（Audubon）自叙曰："吾尝一旦而失吾所绘之鸟图二百具，几令吾鸟类学之研究为之中止。余所以述此者，以见吾坚忍之热心，卒战胜此困难也。先是，吾居于肯达齐州（Kentucky）数年，未几，将以事赴费拉德腓亚（Philadelphia）。临行，余点检画册，扃之一木箱中，付戚某藏之，戒其勿损。不数月，余归，休养数日，即索还此箱，以为将重睹吾之宝藏也。及启箱，则二鼠在焉，已产子其中矣。吾之画册，则尽啮为碎纸，所有千余之鸟图，悉归乌有。吾意极懊丧，头热如火，五内烧灼，困卧数日，如堕梦中。久之，余气力回复，乃日携小铳、铅笔、簿册，往候森林之中，逐捕禽鸟，描其形状。盖如是又

---

❶ "不积颐步"，当为"不积跬步"。——编者注

三年，而余之画册再盈箱焉。"嘉徕尔之为《法国革命史》也，初成第一卷，邻友借而读之，置之客室，误落于地。仆婢以为废纸，投之火中。嘉徕尔无可奈何，惟决意更起草而已。故坚忍者，虽遇意外之挫折，其志益厉，终不为所挠也。

盖失败即成功之母。坚忍者以失败为药石，经一度失败，则自信之心，愈愈强固。今更述哥伦布士（Columbus）之事。哥伦布士者，意大利人，生于千四百四十六年。幼，助其父梳兽毛，为织物业。及长，好航海漫游，当时呼为海贼哥伦布士。尝流寓葡萄牙，娶妻而卜居焉。是时哥伦布士究心世界创成论及天文书，乃唱自欧罗巴至印度航路之考案。以大西洋实掩亚细亚之东，与欧罗巴之西，若自西班牙、葡萄牙之直线，西向以进，或绕斐洲之南，必达印度。于是哥伦布士谒葡萄王约翰，言航海之利，乞助船舶。王故有雄略，欲许之。国中元老议曰："亚斐利加之探险，则固尝闻之，未闻航印度者，必不可得地。愿王勿听也。"王卒与哥伦布士船三艘，遣从官随哥伦布士行。至于大洋，波涛甚恶，从官怖绝逃归，言于王曰："哥伦布士妄也。西方皆大海汪洋，无尺寸陆可见。"王遂下令逐哥伦布士。哥伦布士至西班牙，欲因其友干英王显理，久不得耗，乃谒西班牙王后意萨伯挪（Isabella）。王后壮其言，集国中学者与哥伦布士辩论以决可否。哥伦布士言地为圆体，亦犹日月之为圆体也。难者曰："地圆如球，谁则支之？"哥伦布士曰："太阳及月，谁则支之乎？"难者曰："如地果圆，则周行地上，有时头应倒悬，而足在上，且树木皆当倒生，以根上着空，岂其然乎？"于是一哲学者又难曰："地圆则池水皆当倒流，人类且将坠落。"一教士难曰："此背于圣书。圣书但谓天如张幕，今以地圆，是异端也。"哥伦布士之说，遂为诸学者所尼。哥伦布士将如法兰西，会有言于王后不当失此奇士者，王后乃召还哥伦布士，资以船三艘（各百吨内外之帆船）。千四百九十二年八月十三日，哥伦布士遂为第一次之航海；出巴洛斯（Paros）港，船中水夫诸人，并王后所给也。海波汹恶，行数十日不见陆。一日，忽见日没处隐约有黑影，舟人皆祷祝，以为得陆，明日视之，则黑云一片而已。舟人等咸怨诽哥伦布士，有欲投之于海而逃归者。哥伦布士多方慰说，幸得相安。先后行六十九日，卒发见美洲之新大陆，即千四百九十二年十月十二日午前二时也。哥伦布士名此初发见之岛曰圣撒巴多（San Salvador）[土人名此岛曰嘉拿罕（Guana-han），即现时巴哈马（Bahama）群岛中之瓦特林岛（Watling），去巴罗斯凡三千二百三十海里]。寻至海地岛（Haiti），建筑一城，留三十九人于彼，而自还西班牙。国王王后以下，咸欢迎之，盖次年三月十五日也。是年九月，哥伦布士复为第二次之航海。率船七艘，船员共千七百余人，至海地岛，创建意萨伯挪市。又发见里科（Parto Rico）、吉美加（Jamaica）诸岛，以千四百九十六年六月归国。至千四百九十八年，又率船六艘，为第三回之航海。循行亚美利加之南岸，发脱里尼达（Trinidad）诸岛，是时殖民间尝有纷扰之事，哥伦布士镇定之。忌者嫉其威名，终以事缚哥伦布士，送还西班牙，王及王后释而礼遇之。至千五百二年，哥伦布士老矣，尚请探印度航路，失船二艘而归，是为第四次之航海。其归在千五百四年也，越二年卒。哥伦布士以发见新大陆之功，归国而不蒙赏，晚年至以贫死。后之论者，多为不平。然哥伦布士之名，固与美洲并隆，悬于日月而不可磨灭，则哥伦布士之成功亦大矣！岂区区校一时之赏者哉？观哥伦布士航海之计划，屡遏不行，不惮历干列国之君，而务得一当；好奇之志，老而不衰，真旷代大勇，坚忍之人豪也！

  文人之坚忍者，尤多其例。如前章所述奈端、孟德斯鸠之著书，积思数十年，手稿屡经改定。其余往往而有。盖坚忍之道，百事皆赖之以成也。世间率因坚忍之力，而后有大事业。工程之伟大者，如吾国之万里长城、埃及之金字塔、耶路撒冷之大寺，此非一手一足之烈也。舟车以济不通，降而有汽船汽车，此非一朝一夕之故也。乃至科学之发明，天体之测定，陆地之发明，所以揭宇宙之秘密，浚人心之智源，何一非积忍耐之力，而贻后人以莫大之利者耶？以人生论之，即或富于天才，而短于恒性，或心虽勤奋，而体质不强，此非加以坚忍，何事可成？故力行之中，坚忍尤要也。

第三编

科学工艺发明家之模范

第一章　中国工艺大家略述

吾国之旧习：重士而轻农工，尚空理而忽实务。故物质之文明，郁而不发，其所从来久矣。夫欧洲诸邦所以兴盛，何莫非科学工艺之赐？吾人将以立国，将以立身，皆不可不致力于此。然近世科学工艺大家，其能发明新理，创造新艺，咸自一身勤勉苦思而得之，非有赖于异人也。今将略举其行事一二，以树景行之规。因念吾国人自来以科学工艺著者，未必无其人，特国家奖励之道未至，而社会褒扬而利用之者少，是以其艺未极也，辄先就吾国古所谓工艺家者一考之。

《易·系辞》称伏羲以至五帝，所谓首出御世之圣人，皆以制器利物，为民所戴。当时步天推历，辨土教稼，传于后者，如针灸之术、指南车之遗法，皆非科学极精者不能，惟其详不可考耳。大抵科学必有传授，皆守于官，官失则学亦亡。使治天下者，即不能自制器，而能恒使官守其法勿坠，则吾国科学虽至今有传可也。《吕览》曰："大桡作甲子，黔如作虏首，容成作历，羲和作占日，尚仪作占月，后益作占岁，胡曹作衣，夷羿作弓，祝融作市，仪狄作酒，高元作室，虞姁作舟，伯益作井，赤冀作臼，乘雅作驾，寒衰作御，王冰作服牛，史皇作图，巫彭作医，巫咸作筮。此二十官者，圣人之所以治天下也。圣王不能二十官之事，然而使二十官尽其巧，毕其能，圣王在上故也。"盖能工艺之官，各竭其术，造作器物，便利人民；古之至治，则如此矣。一国之元首，岂必尽自能为工艺哉？能奖励使之发达、无余蕴而已矣。故工艺之盛衰，亦可卜国家之治忽也。其余如般倕之巧、梓庆之削木、匠石之挥斤，并神于工艺者也，古说犹往往传之。春秋以来，官之不克典其职而散在民间者益众，世人莫能用之。或仅偶以佐军，而公输子之善为攻，墨翟之善为守，在其间尤著。

《墨子》曰："楚人。❶公输子自鲁南游楚焉，始为舟战之器，作为钩强之备，退者钩之，进者强之；量其钩强之长，而制为之兵。楚之兵节，越之兵不节，楚人因此若执，函败越人。❷公输子善其巧，以语墨子曰：'我舟战有钩强，不知子之义亦有钩强乎？'（中略）公输子削竹木以为鹊，成而飞之，三日不下。公输子自以为至巧。墨子谓公输子曰：'子之为鹊也，不如翟之为车辖，须臾刘三寸之木，而任五十石之重。故所为巧，利于人谓之巧，不利于人谓之拙。'"又曰："墨子解带为城，以褋为械。公输盘九设攻城之机变，子墨子九距之。公输盘之攻械尽，墨子之守圉有余。公输盘诎而曰：'吾知所以距子矣，吾不言。'墨子亦曰：'吾知子之所以距我，吾不言。'楚王问其故，墨子曰：'公输子之意，不过欲杀臣；杀臣宋莫能守，可攻也。然臣之弟子禽滑厘等三百人，已持臣守圉

---

❶ "楚人"二字为上句"亟败楚人"之本语，不当于此，恐作者误记。又，公输子当为鲁人。——编者注

❷ "因此若执，函败越人"当为"因此若势，亟败越人"。——编者注

之具，在宋城上而待楚寇矣。虽杀臣，不能绝也。'"神机阴开，剖劂无迹，人巧之妙也，而治世不以为民业（治世守于官）。工人下漆而上丹则可，下丹而上漆则不可，万事由此也。墨子又尝以木为鸢，飞之三日不集，惟其遗法不可考矣。

汉魏以下，吾国巧于艺事者，代不乏人。如张衡、蒲元、马钧、祖冲之之属，并能造器，究极精微，见诸载记。后世亦往往有之，但率以一人冥心独造，不甚为世所重，故传者较寡耳。西方科学工艺，其始颇亦源渊于中国，惟彼治之甚勤，充之不已，至于今日，遂以独擅其奇。《史记》谓，畴人子弟分散，或适西夷；说者遂谓，天算之术，西人先实资之中国者。此外，如指南车遗法之用于航海；道家方士炼丹之术，自印度传入西方，遂启化学；乃至印刷术，磁器等，皆中国先有。故谓中国人不及西士之巧者，自为目论，有务不务耳。清初，西方工艺之法渐有至吾国者，如梅定九、吴师邵及其治历算者，或亦偶兼治西艺，而黄履庄制器尤多，可传也。

黄履庄，少聪颖，读书不数过，即能背诵，尤喜出新意，作诸技巧。七八岁时，尝背塾师，暗窃匠氏刀锥，凿木人长寸许；置案上，能自行走，手足皆自动，观者异，以为神。十岁外，来广陵，因闻泰西几何、比例、轮棁、机轴之学，而其巧因以益进。尝作小物自怡，见者多竞出重价求购。体素病，不耐人事；恶剧蝚，因竟不作，于是所制，始不可多得。所制亦多，不能悉记，犹记其作双轮小车一辆，长三尺余，约可坐一人，不烦推挽，能自行自住；以手挽轴旁曲拐，则复行如初；随往随挽，日足行八十里。作木狗，置门侧，卷卧如常，惟人入户触机，则立吠不止；吠之声与真无二，虽点者不能辨其为真与伪也。作木鸟，置竹笼中，能自跳舞、飞鸣；鸣如画眉，凄越可听。作水器，以水置器中，水从下上，射如线，高五六尺，移时不断。所作之奇俱如此，不能悉载。有怪其奇者，疑必有异书，或有异传，而与处最久且狎者，绝不见其书；叩其从来，亦竟无师传，但曰："予何足奇。天地人物，皆奇器也。动者如天，静者如地，灵明者如人，颐者如万物，何莫非奇？然皆不能自奇，必有一至奇，而不自奇者以为源，而且为之主宰，如画之有师，土木之有匠民也。夫是之为至奇，盖自有其独悟，非一物一事，求而学之者所可及也。"性简默，喜思，人尝纷然谈说，而履庄独坐静思。观其初思求入，亦戛戛似难，既而思得，则笑舞从之；如一思碍而不得，必拥衾达旦，务得而后已焉。戴榕尝为之传。

附：奇器目略

（一）验器

验冷热器。此器能诊试虚实，分别气候，证诸药之性情。其用甚广，另有专书。

验燥湿器。内有一针，能左右旋；燥则左旋，湿则右旋，毫发不爽，并可预证阴晴。

（二）诸镜

千里镜。大小不等。

取火镜。向太阳取火。

临画镜。

取水镜。向太阴取水。

显微镜。

多物镜。

瑞光镜。制法大小不等。大者径五六尺，夜以一灯照之，光射数里，其用甚巨。冬月人坐光中，则遍体生温，如在太阳之下。

（三）诸画

远视画。

旁视画。

镜中画。

管窥镜画。全不似画，以管窥之，则生动如真。

上下画。一画上下观之，则成二画。

三面画。一画三面观之，则成三画。

（四）玩器

自动戏。内音乐俱备，不烦人力，而节奏自然。

真画。人物鸟兽，皆能自动，与真无二。

灯衢。作小屋一间，内悬灯数盏，人入其中，如至通衢大市；人烟稠杂，灯火连绵，一望数里。

自行驱暑扇。不烦人力，而室皆风。

木人掌扇。

（五）水法

龙尾车。一人能转多车，灌田最便。

一线泉。制法不等。

柳枝泉。水上射复下，如柳枝然。

山鸟鸣。声如山鸟。

鸾凤吟。声如鸾凤。

报时水。

瀑布水。

（六）造器之器

方圆规矩。

就小画大规矩。

就大画小规矩。

画八角、六角规矩。

造诸镜规矩。

造法条器。

履庄所制奇器甚多，其目之传者，尚不止此，兹举其最著者而已。惟其法与其器，并靡有存者，深可惜也。

第二章　欧洲科学发明家略述

欧洲科学之端绪，远自希腊、罗马以来，中间稍为不振。十三世纪之时，英人罗哲倍根（Roger Bacon）复于科学之研究，多所发明；及哥白尼（Coperniens）出于波兰，明地球运动之理；加里雷倭（Galileo Galilei）生于意大利，考坠物定律；奈端（Newton）生于英，著力学等书，而科学界思想为之一变。哥白尼本一面包店之子，奈端出于农家，皆以刻苦自厉，卒成其学。加里雷倭在哥白尼之后、奈端之前，其所就亦卓绝。今但述加里雷倭传，以见科学家之勤勉，及近世科学进步之枢纽焉。

加里雷倭者，意大利人，以千五百六十四年，生于毕萨（Risa）城。父曰芬遣齐倭（Vincezio），能算术，精音乐，为当世所推。尝著书自谓研求科学，喜自由发其疑难，不为权势所劫、习惯所囿。有三子，加里雷倭其长也。幼聪慧机巧，有父风，好以新意自造玩具。父以己身好科学而不偶于时，雅不欲其子复治之，将使业商，乃先送之教寺小学中肄业。未几，加里雷倭潜心经典文学，喜为诗，亦善音乐。父见其天资超迈，恐为商贾不足尽其材也，及长，则遣之学医。一日，加里雷倭祈祷于罗马教堂，见神前灯摇荡空中，往来不辍，因以指按脉，验其时间。则每次往来，历时相若，更试以他法亦然，遂悟钟锤摇摆之理。是年夏，有李奇（Ostillio Ricci）者，来毕萨避暑。李奇故邃算学，与加里雷倭家族素稔。一日，偶为人言几何学，加里雷倭闻而大喜，便从受学，尽通其奥。父仍命其习医，加里雷倭则一志于算学、物理，日造精密，名噪一时。年二十六，议会请为大学校算学教授，定期三年。是时，加里雷倭发见坠物定律三则。

一，物之坠下，无论径直、偏斜，速率皆同。

二，欲知所坠之高几何，当察坠时之久几何；即其时以相乘，则知其高几何矣。譬物坠自高台，须十秒至地，则以十相乘为百，即知高有百尺。

三，物无轻重，坠下之速率皆同。

方是时，科学界学者，但知钞袭陈言，盲从经典。言物理学，则往往奉亚里士多德（Aristotlo）为圭臬，倘人言理与亚里士多德异者，辄目为妄。亚氏之言曰："物之坠也，其速率随轻重而异。两磅之物，其坠也，当倍速于一磅之物。"加里雷倭之所谓定律，则与之相左。群论大哗，加里雷倭毅然不顾。一日清晨，值全校大会，乃共登毕萨著名斜塔，挟二铁弹，一重百磅，一重一磅，当众前坠之；两弹砰然同时着地，不差分秒，观者大震。然终以其背先哲之明训，或系偶中，不足信也。会有某权贵以所制浚港机见询，加里雷倭曰："是磨物，虽成无用。"权贵不怿，譛之公庭。怨家复攻之，加里雷倭遂不得终于讲席。既落职，退居弗罗伦斯；遭父丧，家益落。未几，巴杜亚（Padua）大学延为教授，期八年；期满，续任六年。每开讲演说，言辨而义精，闻者倾心焉。一千六百四年，有新星见，盖所谓客星者也。加里雷倭凡三次讲演此星之来历，听者骈集。因谓众人：此天际恒有之星，平时不深研考，及其出见，则奔走告语，以为奇事，不知此星固在空中，徒以距地球过远，流行无定，故不见；今行近地球，始见之耳，过此当复远行。是说也，左亚里士多德而右哥白尼。亚氏以为天空无变，不生不灭，又地球居天心，终年常静；哥氏则谓地球为行星之小者，人匍匐其上，仅如虫蚁之缘于墙壁。惟时人多溺亚氏说，加里雷倭则力持哥氏之说而已。❶ 相传，德国磨镜者家藏异物，作长筒形，中含二镜；由此中视，可移远景于目前，惟位置颠倒耳。加里雷倭素好光学，既得此说，乃深思其理。造望远镜，始成，能三倍远影，不倒位置。已又增至七倍，增至三十倍，乃由此镜以考验天象。初以验月，知月中有山，有谷有火山，又有平原大石，亦似有海。又因月面之影，而知地球亦为发光体，多云时尤甚。金星所以光耀过他星，亦以多云故。大抵自月中见地球，犹吾人由地球望月，惟地球直径较月大四倍耳。凡天际众星为古人所惑而不解者，加里雷倭皆一一得究其真相。又见木星近处，有三星而小；爰就三星位次，以定木星之位。次夜视之，木星移而居三星之旁；更一夜，只见两星；再越一夜，见两星一大一小；再越夜而三星见，又于一夜见四星。后如其期，或隐或现。以此知木星之形，亦如地之有月也。及论木星之月有四，诸月依时而旋，不逾定时，是为前人所未发，闻者颇滋骇怪。以谓天有七行星，已成定数，今忽增四星，则星期制度，将不能立。又有谓天际

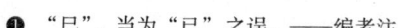

❶ "巳"，当为"已"之误。——编者注

邈远，非恒人视力所及，竟有不敢向加里雷倭所制之望远镜一窥以验虚实者，疑加里雷倭有魔术，窥之且为所惑。后又发见土星旁有两小星，复见金星作半月形。哥白尼百年前预言，人类目力若增，必有见金星、水星如见月之一日，至是果验，皆望远镜之力。加里雷倭以制远镜之术授其徒，其制遂遍全欧。未几，又发见日中黑点，因谓哥白尼以太阳为皎洁无伦者，非也。惟土星旁两小星忽不见，加里雷倭益日夕观察不辍；嗣复见两小星，因悟为土星之圈，以圈过薄，有时地球与土星变更位置，故从旁观之，即不见也。加里雷倭最宗尚哥白尼之说，而哥白尼言地球自动，不合圣经，为教中所禁，故加里雷倭亦得异端之名，晚年为教皇锢之狱中。盖当时宗教势力甚盛，不容学者或为异说也。狱中颇记其平生所发明者为书，后双目皆瞽，禁例稍弛。英诗人米尔敦尝于此时进见焉。卒于千六百四十二年，年七十八。卒后未及一年，而奈端生。哥白尼、加里雷倭、奈端三子者，实近世科学之先师。加里雷倭之为科学，始则为父所尼；既有所发见，而世徒以为怪。加里雷倭终不变所守，益莫录其功，精进不怠，虽在缧绁之中以终余年，非其罪不悔也。近世追溯科学之源，何人不感加里雷倭之赐者！其成功盖亦大矣。士君子非有如加里雷倭之勤勉决心者，固亦难以成不世之学业也。自余，科学家之显名者多有，兹编非专主科学，惟在举一二模范，以为吾人立身之导，故不复广述也。

第三章　工艺发明家

人生最大之义务，惟在于自利利他而已。自利利他之道虽多，而其实际之效，尤莫如发达工艺。盖工艺之进步，则国家生产之力强，个人资生之道广；利用厚生，莫大乎是。然欧美之创造工艺者，其人率多出于贫贱之家，积心思劳苦之力，用志不二，卒底于成。有足多者，兹述其略著者，庶观览者可以自励焉。诸工艺之中，以蒸汽机器之发明，尤有大功于人类。盖用力省而成业多，费时至少而生产至富，人我之养至是毕足。其创始之人，诚有可旌者。蒸汽机器之所起，虽在近世，而其渊源，实远自上古；后人益引其端，至于近世而厥效大着。先是，纪元前百十二年，亚历山大之人，已有思为蒸汽机器者，然其制未具。近世科学益明，如沙维来（Savary）、牛可门（Newcomen）、波泰尔（Potter）、瓦德（James Watt）等，皆为制造蒸汽机器之先辈，而瓦德名尤高。瓦德平生以勤劳自习，作事有恒，而用心极细，故能成大功。瓦德之父，木工也。瓦德幼则学为玩具，皆有巧思；既而研究天文学、光学，又以体弱善病，则取生理学书读之，并洞达其奥。喜步游郊外，流连林薮，因是习植物学及历史学。后以制算术器具为业，亦偶制乐器。久之，遂通音乐。牛可门所作蒸汽机器之模型，藏于格拉斯古（Glasgow）大学。一日，属瓦德加以修缮。瓦德乃悉心考其构造，致意于热力、蒸发、收缩之用，复求读机械学之书。遂自造蒸汽机器一具，名之曰"缩力蒸汽机器"（Condensing steam engine），然世未知其用。自是十年以来，益锐意，欲更有发明，深思详索。其所资以自给者，则或为人修理乐器，或测量道路。后得同志之友曰布尔通（MathewPaulton），亦工艺大家，精力甚强，且有远识；劝瓦德改其缩力机器，使合于普通实际之应用，此近日诸工场事业适用蒸汽机器之所由来也。瓦德以后，其制时有改良，益臻精巧。凡转运器械，推进船舶，磨治谷麦，印刷书籍，铸造钱货，并锤削铁具，以代人工，皆赖蒸汽机器之用矣。是中改良诸家，以脱来维西克（Trevithick）及司泰芬孙（Stephenson）为最著。

瓦德所制新机，既用于各工场，而最初用之成效尤著者，即阿克来（Sir Richard Ankwright）变通其制，以创造纺绩机器是也。阿克来虽承当时诸家遗制，而种种结构应用之法，实出意匠，虽谓之创作可也。阿克来以千七百三十二年生于英之普列斯敦（Preston）。其家极贫，有兄弟十三人；阿克来最幼，未尝入学校，独学而已，仅能略知书。少从师为理发之业，尝在地下占一室，为人理发；故贬其直，揭于门曰："一辨士可理发。"人竞赴之。他理发者亦贬其直。乃又揭曰："半辨士可理发。"同业莫如之何。后又鬻假髻，其利恒倍，兼售染发药，妇人争好之。无何，遂薄有积蓄。以余暇研究机器，颇有造纺绩机器之志。多方试验以求其法，久之无所成，家渐落。

其妻深怼其失计。一日，乘怒毁其模，阿克来大怒，竟出之。会识一制钟表匠人，因钟表之理，益悟机器之所以能长动不息者，可以用之纺绩，乃制一模型，陈于普列斯敦一学校中。此地工人恐阿克来纺绩机成，将夺己之业，聚众鼓噪，其势汹汹。阿克来乃挈其模之诺丁汉（Nottingham），得一银行家之助。千七百六十九年，器成，得专利特许权，而瓦德之蒸汽机器亦于是年始得专卖权也。阿克来后又扩充其机器之规模，以水车运转之故，号"水力纺绩机器"。然其精益求精之心，未尝辍也。数年之后，屡加改良，机括益备，而所需资金甚多，颇觉局促，卒以忍耐、勤劳，得竟其功。当时之工业家，以其将夺蒸汽机器之利，甚恶之，相约不售原料品于彼，亦不购彼所制之物。阿克来建工场于可勒（Chorley），一日，无赖子聚而毁之，其地虽有警兵，几莫能镇压；又诉之法廷，欲撤销其特许权。其事方经审判，阿克来行市中，一人呼曰："吾辈已推倒此理发师矣。"阿克来从容答曰："吾尚留有薙发刀一柄，将以遍薙诸君耳。"继又建工场于苏格兰等处。虽创始之际，忌之者多，然所出物品，既美且富，故终能不踬也。阿克来性质伉爽，遇事不挠，又有肆应敏给之才；所立工场甚多，躬亲管理，其事务时间自早四时至夜九时，勤劳不倦。五十岁时，乃更研究英国文法，以早年于文字甚浅也。所造纺绩机器，经十八年后，名播远近，英皇佐治三世赐以勋爵。卒于千七百九十二年。阿克来以个人而为国家辟富源，英国挽近工场制度，实阿克来为之开祖也。

　　吾国往时，亦好服所谓洋布而印花者，其法盖出于十八世纪间。英人比耳（Peel）之族故伯拉克奔（Blackburn），农家也。其族有名罗伯（Robert Peel）者，于农隙率家人织布。伯拉克奔本多织工，其地所出之布，大抵麻纬而棉经，谓之原色布。罗伯家所织颇精好，人争购之。当时布上未有印花草者，罗伯独立意欲造印花机器。是时，人家多用锡器，因念于锡盘上绘花草，加以彩色而反印于布必有可观；初试为之，后渐印以机器。先作芹叶形，继以次改良印花机器，花处凸出。其子继其业，考究益精，遂辍农事，而专事印布，营业益盛；邻近贫人，多仰以衣食。亦名罗伯比耳，封次等男爵，尝述其父之言曰："商业之事，其利及于个人者犹小，而及于国民全体者最大也。"盖重视商业如此。至其子男爵之身，而印花机器之事业遂大成，为英国工场第一，亦父子勤勉之力有以致之也。

今世所用织袜机器，其始出于英人维廉礼（William Lee）所造。维廉礼生于千五百八十三年，尝为牧师。相传，维廉礼为牧师时，慕村中一织袜少女，频至其家。少女厌之，每织袜不顾。维廉礼引为大憾，乃立志造一织袜之新机器，使彼失手工之利。三年之间，竟成一织袜新机，遂辞牧师之职，一意工业，间以织袜教家人、亲戚。数年后，其机器屡经修改，益极工巧。时当伊利沙伯女王之时，维廉礼念如以机器呈诸女王，必获嘉赏，因至伦敦求见女王。女王以为机器若行，则贫人之赖手工为生者将失其业，殊不然之。维廉礼大失望，辄自意曰："世岂无他人知我者，何必女王？"会法兰西王显理四世之大臣曰索奈（Sully）者闻之，乃招维廉礼至法，法王颇奖励之。盖当时法国颇重工艺也。维廉礼实挈其弟与工人七名同入法，初以其法教市人，其业甚盛。及显理遇弑，法人忽恶维廉礼所奉为新教，又他国人，罕有顾之者，遂终于法。其弟哲谟（James）归英设工场。自是，机器织袜之业，遂流行于时焉（或谓维廉礼慕一女子，以织袜为业；怜其勤苦，乃精思造织袜机器助之。与前说异)。

维廉礼之后，又有希斯可特（John Heathcoat）创织线带机。希斯可特生于千七百八十三年，本农家子也，幼至邻村之器械工人处为学徒，遂能修理机器，于织袜机器之构造，知之尤悉。年十六，欲改织袜机以为织线带机，苦思未得其法。二十一岁后，娶妻，乃至诺丁汉执业。恒与其织工游，期有辅于所志。始则以手织枕上饰品之线带，冀造一机器，其运动必与手之织物同法，而后合用。手习至熟，或且悟得其理也。终日勤奋，为人所不及，其主人埃立阿（Elliot）于是时称之曰："勤劳忍耐，克己沉默，经失败而不惧者，是希斯可特之为人也。既富于应用之方，而深于机器之理，固将终成其事，无疑也。"其妻亦深望夫之业有成，日代[1]忧虑家本贫，而佣工所得，多供研求织机之费。一夕，其妻问曰："织机成乎？"答曰："未也。"妻潸然泣下，呜咽不能声。未逾月，而希斯可特织线带机竟成矣。归，持织物以上于其妻，相对怡乐。希斯可特所织线带，本为枕器之饰，经纬交错，精巧无匹，俨同妇工初得经纬交互之法，后得斜丝萦转之法；盖几经改作，机括始备。至其得专卖权之日，年仅二十四岁也。于是，同时之织工忌之，乃讼希斯可特于官，以为希斯可特自称发明此机器，盖妄也，此机实旧所有。又饰织工二人为创造此机之人，互相争诉，将以夺希斯可特之专卖权。希斯可特忧之，乃谋诸律师科伯莱（Sir. John Copley）。科伯莱览其状词曰："我不谙此机运用之法，则不能断子之曲直。当先至子诺丁汉之工场，亲学此机，而后尽余之力，为辨护。"遂以其夜乘车至诺丁汉，详审其机器构造之原理，尽得窾要而去。既届讯期，两造皆集，遂

---

[1] "日代"，疑为"日夜"。——编者注

陈织机模型于案。科伯莱为剖析其间发明诸事之精细，娓娓动听，证为决非可以假托，听众咸服。希斯可特遂得直，而专卖权之特许，为铁案不可动矣。希斯可特乃以所制机出租于人，始凡六百具，所收入租银甚丰。织机出物，美而且速，用之者渐以日广，线带之价大落。计二十五年间，线带之价，其始方三尺直五磅者，后减至五辨士。执此业者，几十五万人；每年出货，平均在英金四百万磅以上。千八百九年，希斯可特设工场于勒士泰州（Leicetershire）之卢薄拿（Loughborough），所需工人甚多，其工价增至每周五磅至十磅。操手技者仍怨己之失业，将结党以毁工场之机器。千八百十一年，诺丁汉州西南部之乱民，公然白昼入诸织物工场，以图破坏。乱徒有名拉德（Ned Ludd）者，实为之魁；所设工场，多受其害。官中获其徒党惩之，且捕拉德甚急，遂相率窜匿。未几，事少懈，拉德复以其徒入卢薄拿工场，火之，计毁织机三十七具。是役也，希斯可特所失约一万磅，视前为甚。后捕获盗党十人，以八人处死刑。希司可特欲使其地居民偿所失，讼诸官，乃判居民偿希司可特万磅，此后遂无复毁工场之事。希司可特复建织线工场于德温州（Devonshire）之提维顿（Tiverton），机器多至三百具，更出巧思，制蒸汽犁，为耕田具，世颇用之。后有福勒尔（Fowler）者，承其法别制，益以灵便用，然创始者实希斯可特也。希斯可特为人正直、诚实，勉于事务，尚以余暇治法兰西、意大利文字，皆至深造。工场所用工人几二千人，无不敬爱之如父母。尝出资六千磅，建学校于工场附近之地，使织工子女肄业其中。生平好振济贫弱，其天性也。千八百三十一年，提维顿举议员，希斯可特适当选，在国会议席凡三十年。千八百五十九年，以衰老辞职归。越二年，卒，年七十七。

织工中以发明织花布机器称者，又有法人约夸德（Jacquard），盖里昂人也。父为织工，家甚贫，幼时无力就学，乃习业于钉书工之家。一老教师见其慧，稍教以算学。未几，即能考算机器之能力，此老教师大惊，以语其父，劝使学他业，免没其才，乃至一制刀店为学徒。主人遇之甚苛，又去至活字铸造所习业。无何，父母并殁，约夸德思继父业，因承父所遗之二织机，为织工，时时欲改良其织器。每致苦思，遂忘作务，至不名一钱，卖其织机，而偿逋焉。又娶妻，益贫不能自活，则不得不并所居宅而亦卖之。约夸德既无所有，欲觅一职事自给，人皆以其好冥想而懒惰，无庸之者。久之，白莱斯（Bresse）有绳工，招约夸德往。约夸德往就之，留其妻里昂，制麦秆帽为活。自是数年，罕闻约夸德者。会法国革命起，所业益受滞碍。千七百九十二年，约夸德入里昂义勇队。敌军入里昂，乃逃至来因军中，其子死于战。约夸德又归里昂，思有以慰其妻。是时，其妻固尚以制草帽为业也。约夸德欲继前功，更出新意，以造织机，遂居里昂。昼执役于一工人之家，夜则思所以改造织机者。贫甚，所怀多不能达。一日，偶为主人言之，主人嘉其志，出资相助。阅三月，约夸德新制之改良织机告成。千八百一年，陈列于巴黎之博览会，得奖牌。约夸德声誉鹊起，国务大臣加罗（Carnot）亲至里昂访之。明年，伦敦工艺会社悬上赏募能造织鱼网及船网之机器者，约夸德应其募，受上赏而还。会有称其名于法国皇帝者，皇帝召见之，深相契重，命居艺术储藏馆，给以数室，厚饩之。于是约夸德益得尽心深思织机未善之处，欲一一改作之。馆中多藏各种机器，足供参考。约夸德尤好伏冈孙（Vancanson）所造织花绢布之自动机。伏冈孙亦法人，幼时见钟摆摇动，心乐之，渐悟其理，乃以木仿作自鸣钟，晷刻无少爽者。又作小寺观，发动其机，则寺僧坐作、进退皆见，灵妙无比。他多所制作，最后造织花绢布之自动机，为法国绢布制造监查官，旋卒。约夸德所见，即此机也。因修治其所未备，别为一机，逾月而成。约夸德之改良织机，至是始大成矣。乃以新机织布，献诸约瑟芬皇后，大为拿破仑大帝所赏，特加厚赐，且命良工仿制若干，以广推行。约夸德归里昂，里昂工人闻其发明新机，以为将夺己之业，袭而投诸水，幸遇救不死。会英国织绢布者慕约夸德名，将请之赴英国，约夸德不忍去父母之邦，不许。英之制造家遂购其织机用之。里昂人恐利权外溢，始竟用约夸德织机，织业益发达。千八百三十三年，从事织花绢布者已至六万人，其后犹日有所增云。

已上所述，其所制机器，虽皆有所因袭，不过一部分之特创，要能独出意匠，使一国生产界之情势为之一变；其人及身受其荣富，而社会亦资其利益，固亦不得不谓之发明家也。往往贫无所借，由一己之苦思厉志，卒底于成，真足为立身之良规也。

第四编

职业及处世

第一章　职业论

人生天地间，要须有业；游惰之民，自古所贱。古者士农工商，四业而已。今世界科学工艺，随在发达，其为职业者，何止数十？此而不能择一术以自立，真惰民矣！孔子多能鄙事，又曰："人而无恒不可以作巫医。"邓禹有子十三人，使各执一艺。人材性未必一致，长于此者或绌于彼，因其所近各俛焉。以尽其力，则世无弃材，各得其所。所谓治化，亦使人人并有其职业而已。儒者每薄商贾，此或为高明者言之，至于中人，何为较此？许鲁斋且云治生为亟，则商贾亦未当非也。鲁斋之言曰："为学者治生最为先务，苟生理不足，则于为学之道有所妨。"彼旁求妄进及作官嗜利者，始亦窘于生理之所致也。士君子当以务农为生，商贾虽为逐末，亦有可为者。果处之不失义理，或姑以济一时，亦无不可。若与教学与作官规图生计，恐非古人之意也。盖生理为人所自然不可缺，必欲求生理而讳其名，则世习为伪。内好利而外言仁，其行殆商贾所不屑，岂徒如柳子厚所讥之吏商而已哉？进化之世，其商贾尤多有君子之行，且其成业治事，类有可称者，非偶然也。今不专论商贾，但明人生职业之要，及职业所必须之道德，以见人人可以有业，惟在自勉之尔矣。

世之职业虽多，今兹所论，则实务是也。人人无不当致力于实务者。实务固不一端，其所以成之之道亦不同，然其所以成之之精神，则未尝不同也。夫读书不治事，无为贵士矣。西方之人亦每有轻实务者，不徒吾国为然也。如哈司立特（Hazlitt）以为人若一为职业所缚，便落卑近，终日处理俗事，倘大事当前，必乏想象，自最狭范围之习惯利益外，殆无他虑也。其言似是而非。世固有狭量之科学家，有狭量之文学家，有狭量之立法家，亦安得无狭量之实务家？惟不可一概而论。伯克（Burke）（十九世纪英之政论家）于印度法案之演说有曰："世有如细商小贩之政治家，亦有以政治家之心而行动之商人。"斯言谅矣！且为实务家亦谈何容易。必有特别之才能，有统一多数人勤劳能力，有当机赴事之敏慧，有通达人情之实智，有勉力自修之恒心，有练习事务之经验。凡成大功业者，所当具之性能，实务家无不当具之。历史家海尔普（Help）有言："完全实务家之为世希有，亦如大诗人之为世希有也。"谚曰：惟事务能造人，人奈何薄事务乎？

世俗辄谬谓天才之人，不适治事务；治事务之人，不适有天才。斯迈尔斯谓有一青年因耻为杂货商而自杀，盖自谓己之圣智，不应为杂货商所污。是真可闵笑也！人之贵贱，了不关于职业。职业不能使人贱，惟人或使职业贱耳。所谓贵者，岂不以其心之纯洁？所谓贱者，岂不以其心之秽浊？心在内也，纯洁与秽浊在内者也；职业在外者也，亦求之内而已矣。世界之闻人，罕有不治生者。希腊七贤之首兑喇士（Thales），雅典第二建设者梭伦（Solon），数学家喜卑拉特（Hyperates），皆商贾也；拍拉图❶旅埃及时，尝以卖油所得充旅费；荷兰哲学家斯宾罗莎（Spinoza），以磨玻璃为生计；植物学家林拿士（Linnaeus），以制靴为业；英之大诗家索士比亚❷，执业剧台；此人皆名播后世。讵以所业而贱耶，若是之类，直难更仆数矣。

夫职业非惟治生而已。马敦曰："职业之有益于人，胜于余物。能坚人之筋肉，强人之身体，周流人之血液，锐敏人之精神，矫正人之知识，觉醒其创作之天才以其智力驰骋于世，鼓其志气，使不甘碌碌，以充其男子之事，而尽人之所为、人之本分，故无职业者非人也。"未尝以人之事自任也，虽骨与肉重百五十磅不可谓人；虽脑髓包头盖骨，不可谓人。必有此骨肉脑髓，为事人之事，思人之思，行人之道，戴夫人之性与分之重，而后可以成为人者也。人生之不可无职业盖如此。

人之所以能成其事务者，亦不外于常道，忍耐、勤勉、与专心而已。此已于前数篇中述之。希腊人有言曰："无论何业，有三事决不可少，天资、学问、与实行是也。实行不已，从善不厌，已有所短，不惮立改，是谓大智。成事之秘，尽于此矣。不由正轨，而惟思幸获，此无异赌博得金，君子不为也。倍根常曰："凡业务所由之路，愈近者必愈恶，愈远者必愈善。欲趣善路，不可畏远也。路远则费时日经劳苦愈多，而其中所生之快乐，亦愈真实。虽寻常辛苦之业，若每日能完其定课，则余时皆觉其甘也。"

然职业之有成，惟当倚赖自已，而不倚赖他人。凡吾身之

---

❶ "拍拉图"，今作"柏拉图"。——编者注
❷ "索士比亚"，今作"莎士比亚"。——编者注

幸福安宁，皆吾之力之所自为也。拉塞尔卿（Lord John Russell）尝贻书梅尔本卿（Lord melbourne），为诗人谟尔（Moore）之子地道，请为资助。梅尔本卿报书曰："以吾辈相与之厚，凡子之所命，吾宜无所不尽。然今之所为，求有益于谟尔也。以吾思之，行少分之惠于一少年，不可谓正，其害甚大，将以怠其发愤自勉之心，故不为也。敬为我告彼少年，当自造所自行之路，身之饿死与否，在其勉力与否而已，他非所敢知也。"

无论何职业，必有勤勉坚忍之功，始能济之，此为前编所屡言者。然其间又当精细不苟，而循序不乱，人生虽至细之事，皆不宜忽。凡一家之破灭，一国之覆亡，其始皆起自细微之事，故其渐不可不谨也。治事之士，当养成精细之习，自能丝忽不妄。察物当精细，出言当精细，治事当精细，处处检点，务令完善。行一小事而完，胜于行十事而未完也。昔贤有言曰："徐行者先至。"此言可味也。人虽有才具，有品行，而常疏漏脱略，则决不能为人所倚任。所为无论何事，不始终完备，不得不改作，如此则一生之间，唯烦扰哗闹，不能成就一事也。福格斯（Charles James Fore）者，英之大政治家也。其生平任事，不避劳苦，为国务大臣时尝以书法拙恶，为人所辱，因愤而从师学书，如童子之摹习，久遂善书。福格斯体至肥硕，然好为打球戏，拾球甚觉轻捷。或问之，答曰："予不厌苦为之，故能至此。"盖于小事而精细用心者，则大事之精细可知。譬如画工作画，无一微点可以轻心掉之也。

人之作业治事，又贵循序。能循序者，不求速而自速。牧师塞西尔（Richard Cecil）之言曰："凡事能依其序而为之，其效至大。譬如置物于箱，凌乱置之则易盈，善装箱者，常视拙者能多装人一倍之物。"塞西尔治事，敏捷异常，其名言曰："作事之捷法无他，惟一次止作一事而已。循序做去，毫不躐等，成效之速，不可思议。"

夫能精细而循序者，必有恒者也，必专心者也。一事之成败之差，其几至微。成者守其一事，孳孳不已，故常能有成；败者今日为之，明日败之，右手作之，左手破之。有恒者常转祸而为福，因败而为功，非必其才能之殊，即其干干不息之效也。马敦曰："人若往来但掷空梭，决不能织成人生之布。"嘉徕尔曰："专心以治一事，虽懦者必有所成。"强者往往爱博不专，欲以一身治多事，其力既分，终难成矣。譬如滴溜能穿岩石，奔流激岩其迹不见也，故精力之凝聚，其功实多。今之时代，一精力凝聚之时代也。昔求一马力之器械，今求一器械而有十马力者代之。故社会之上，亦求一人而有十人之力，所知不必多，能精一鄙事，胜于博学而不精也。伟人者，大抵皆专心之人，成功家大抵皆积精一事而不懈之人。哲罗德（Jerrald）之友人，知二十四国之语，而无一精者。世间此类，正不乏也。

第四编　职业及处世

文学家砡士来（Charles Kingsley）曰："余方为一事时，则不知世间复有他事。"此在勉力者类能知之，然行之而自得其乐者罕也。世之终身碌碌者，皆坐以细事分割精力，而不知专注一事。李通卿（Lord Lytton）尝语人曰："世人多以余平日事务甚繁，而能有暇读书，且著述如此之多，诧为怪事。或问余以何方法，得此余裕之日月。余答之曰：'余之所以能多有所作者，正在平时不使所作过多。'凡成大事业者，必当爱惜精神，勿令大劳。今日大劳，则明日必大怠；今日所作愈多，明日所作必愈少。吾持此道，既已出于大学，立于社会。

在学生时代，学生人人同读之书，吾亦无所不读。此后吾又多旅行，多所观察，如政治得失之林，及其他事为之要，吾亦无所不论。及今著述之刊布于世者，余六十种，其中非必无高深之理。然吾平日以读书著述为事，率每日不过三小时，而当国会开会之时，犹不在此例。惟在此三小时中，则以吾全力注之而已。"

法律家沙登（Edward Sugden）曰："方余学法律时，余非于此一事。完全通澈。悉有诸己，则决不着手第二事。凡同学诸生一日所读毕，吾以七日治之而尚觉其难。然至年终，吾之所诵，尚历历尽记，而彼辈则多忘之矣。有恒心者不可不割爱，不可不有一定不易之目的。事多则心滋乱，而失其精力；精力一失，何事可成？至于目的，不必务要高远，要其必至。宝石能镌为天女，须用小小槌凿一刀一画，乃得成就。未学弯弓，则放矢虽远，必不中的。故人人但能就当时实用之目的，集聚其精力以为之，其有益国家，便甚大也。"

然人之于职业，有宜于此而不宜于彼者。欲因材而各适其适，则不可不有自见之明，虽改业无伤也。有一商家佣一少年，主人愤其无能，将逐之。少年曰："吾必有以益君。"主人曰："子不能也。"少年曰："吾必非无用之材。"主人曰："子有何能？"曰："吾亦不自知，惟主人审以处我。"主人曰："吾亦不知。"少年曰："吾固自知不能任衔卖之事，惟主人审以处我。"主人乃改用之会计课，综核甚精，崭然露头角。不数年，进为一大会社之会计课长，为有名之计算家。故凡事已倾全力注之，而犹未能成者，即当虚心以审吾材性之宜否。葛德时弥（Goldsmith）本学医，后悟其非己所任，乃潜心文学，卒成有名之《威克斐牧师传》及《荒村歌》，为世所称。科伯尔（Cowper）本为律师，屡遭失败，后为诗人。法之莫礼爱（Moliere）福禄特尔，皆弃其律师，而为文学家、哲学家。鸟类学者威尔孙（Wilson），其始常经五次改业。故人虽不可不有强固一定之志，然当其性之所不近，亦宜知所变通以终期于有成也。惟变通之后，便要专心缉志。世界大矣，职业多矣，断无一事不可为之人也。

改业虽无所不可，然亦必屡经失败，必不得已而后为之。岂有终日怀改业之志，以从事于职业者？故最初须是安心职业。未及丁年之男女，能于其职业或学科发挥其异常之才能者极尠。故男女在十五岁或二十岁以前，其将来之职业，颇难断定，惟当鼓舞其兴趣，使乐其目前所治之事而勿怠其义务耳。斯迈尔斯从事一极不相适之业，能处之以真挚不倦，遂成一有益之著述家。人必忠于当时所操之职业，即为忠于父母，忠于主人，忠于己身，忠于社会之道。于职业不肯放弃其责任，久之兴趣自生，而有相当之成功矣。夫职业之多，人材之众，其处地不适者何限？不啻人人皆易地而快之心。虽然，易地果即为适乎？如易地而果即适，则选择之机，亦何时不有乎？使吾之本能而强也，欲为大匠则大匠矣，欲为医师则医师矣；使吾之本能而弱也，则于选择之际，不可不慎。世界固并供吾人之用，富贵功名，宁复有种？然富贵功名，不能人人得之。尽心于一己所为之事，而必完其本分，则人人所能得之而不必有待者也。世人惟以速成为务，不知审己之所短，故动见竭蹶。未有自知己之才而失败者，亦未有不自知己之才而贸然有成者，亦求诸己而已矣。

人生以职业为最贵。女子之地位，所以逊于男子者，亦职业之限制使然也。今世女子进步，稍胜于前。昔日立名成业，

第四编　职业及处世

为男子所独有之特权，今则女子亦可勉而跂之。欧洲女子有著述家，有事务家，近且汲汲于参政之权，盖其才智未必遽与男子相远，惟境遇相沿之有异耳。社会日进，则女子从事职业者必日多，故职业问题，是男女共通之问题也。

第二章　惜时论

古之成大功者，无不爱惜光阴。能爱惜光阴，则敏捷而无留事，常能人之所不能，此最不可忽也。法国一大臣，处理事务最繁，而常暇时以游剧场。或怪问其何得从容游乐如此，答曰："吾于今日之事，决不延之明日，故能如此也。"英国一政治家，作事辄败。或论其所以败之故，即事之可延于明日者，决不于今日为之是也。此不仅政治家，凡治事而懒惰者，殆皆不免于此，皆不知时之足贵也。世间失败者，率坐懒惰，成功者率由勤勉。勤勉与懒惰之分无他，知惜时与不知惜时而已。时者我之时也，我欲为之事，我自及时为之。不及时为之，而或委之他人，是决不能成事也。英国有一绅士，家本富饶。每年农田所收租不下五百磅。故性懒惰，多所逋负，遂鬻其田之半以偿债，而以其余租与一勤勉之农夫，约期二十年。不数年，农夫尽纳其租，而问主人肯卖此田不。主人惊曰："岂汝买之耶？"答曰："然。值几何矣？"主人曰："我昔之田，一倍于此，皆我自有，不须纳租，而不能守，终售其半与人。子仅耕且半,年且纳二百磅于我,不数年而遂有买此田之资,不亦异乎?"农夫曰:"是无以异为也。子安坐衽席,玩岁愒日,待人而行;吾蚤作夜思,一切自任,故积时累月,即足买子之田矣。"一少年方筮仕,问斯各脱曰:"何以教我?"斯各脱告之曰:"无虚度汝时。"虚度汝时,久则成习,无有不踬,此妇人之偷也。事当为之,实时为之,事毕而后休,勿游息于事前。譬如行军,前队被阻,则后队必扰。前事委滞未了,后事沓至,将以一日并治数日之事,未有不手忙脚乱者也。

意大利一哲学者,常以光阴如田园。有此田园,不知耕耘,则不生价值;勤勉以治之,其获必多;若任其荒废,不特无所利益,且生稂莠恶草。懒惰之人,虚度光阴,何异有田园而芜薉不治者?故懒惰之头脑,为魔鬼之工场;懒惰之躯体,为魔鬼之衽席。惟勤勉之地,乃人之所居也。不知勤勉,则妄想之户开,魔鬼乘虚而入,罪恶连袂而进,可不惧乎?事务家之恒言,以为光阴即黄金,此非空言也。同一光阴,用之而当,可以改过自修,成其德性;用之而不当,徒付之无何有之乡,日月一过,便成枯落。古今大事业,无非成一时之决心。一时决心为善,时时持其善念,不令歇绝,如此至久,虽愚人必变贤,恶人必变为善。即如每日以十五分钟,学习一事,加以岁月,亦必有得。虽至短之时,皆不可忽。纳尔逊将军尝曰:"余平生为事,尝在定时十五分钟以前。余生平所以成功者,莫非此习惯之赐也。"光阴者人人所同有,世人但惜金钱,不晓惜光阴,任其怠忽,以至老死,固所自取,何与人事也?

既知光阴之足贵,则作事当严守定时,不愆晷刻。法王路易十四曰:"严守定时,是王者之义。"虽然,岂徒王者?严守定时，直人人同有之义务也，在事务家为尤要。盖人能践期，则能得他人之信任；不能践期，则不能得他人之信任。有人于此，约某日某时至友家，至期不爽，则不惟不使人忽略其光阴，且能珍重自己之光阴。不忽略光阴，必不忽略事务；不忽略事务，即为可付以重要之事之证。反此而不以光阴留于念虑者，必不以事务留于念虑者也，虽小事亦不可委托。昔华盛顿之秘书官，偶逾定时始至，辄曰："吾之时辰表偶迟。"华盛顿徐曰："汝必别求时辰表，否则余必别求秘书官。"人而忽略光阴，足以损他人治事之秩序。与人交际而常后时，或不得不为人所怒，且己之治事，亦不免芬杂。所如皆左，与事务相左，与成功相左，终为不幸之人而已。

爱惜光阴者，虽一瞬之时，亦不空过。盖时虽至暂，善用之而积久不懈，往往有大功。一月之中，不空费一日；一日之中，不空费一时。如是十年，即中材可成一业。医士马孙古德（Mason Good）翻译罗马卢克来提士（Lucretius）之诗，每出为人诊疾，辄于车中属草。达尔文著书，亦每以车中所思得者，记之于纸。巡回裁判使海尔（Hule）于旅行道中，成思索录一书。博士培尼（Burney）以音乐教人于外，每日乘马往教，恒于马上习法兰西、意大利文字。诗人槐特（Kirke Whitt）日往一律师事务所，于往来之途中，习希腊文。法国大法官达格索（Daguesseau）每以待食之顷，执笔著书，久之褒然成帙。秦礼斯（Genlis）夫人，每日教授公主于宫内，或时未至，即缀文以待，其间遂成数书，文词绝妙。巴里特（Burritt）一冶工，以工事之隙，习古今十八国言语，并通欧罗巴二十二种方言。故虽最短之光阴，其益人亦不浅也。

英国牛津大学日晷上题语曰："良时一去，其善其恶，视

第四编　职业及处世

吾人所用。光阴常在而永久不磨，而其属于人者，仅此瞥然之一瞬。"哲克孙（Jackson）有言："今日所失之财，可由异日勤俭而偿之，今日所失之时则不复取偿于明日也。"麦朗克敦（Melancthon）常以所失之光阴，详记于册，以自勉励，务不使一时虚过。一意大利学者，榜其门曰："有过我门而入我室者，吾当与之共劳作。"古人之爱惜其时如此。

马敦曰："时如吾辈之友，日日相访，而不见其形。恒于吾人不觉之时，持无价之宝以进；若弃而不省，彼即悄然自去，不复返矣。每朝必挟新物以进，然吾人于昨日前日，未受其物，则利用之力，渐次减少，终至不能利用之。失财者可积勤俭而复得，失学者可积诵读而复得，失其健康者可积医药调养而复得，至于失其时至莫复得之矣。"

伟人如格兰斯顿（Glastone）之天才，平生常置一书于衣袋中，恐一时之光阴，或至空过也。况中人之才，不自勉强，或虚度一日乃至一月一年，而漫不加惜乎？发乃德（Michael Faraday）方为佣于钉书工之家，暇时辄耽化学之实验。尝寄友人书曰："吾之所求惟光阴，当世之缙绅先生，亦有余暇之时日，而肯以廉直出售者乎？君其为我留意焉。"古今名人，为学著文，不肯须臾自暇者，犹不止前所述，更略记一二于此。西塞罗曰："他人每以暇时行乐，或休养精神及身体，余则以此时研究哲学。"该撒曰："方两军激战，予处帷幕之中，颇以其时得思余事，有所发见。"一日舟覆，泅达海岸，手中尚持所著 Commentaries 之原稿，盖舟中方执笔为此书也。德国文豪格泰（Geothe）方候谒一国君，忽感及伏师特（Faust）之事，即退至别室稍待，草记所念，以备遗忘，而后修谒。后因此作《伏师特》剧，为世界之名著。诗人蒲白（Pope）每有新意，虽在深夜，必起而记之。格罗特（Grote）之《希腊史》，皆在银行中暇时所作。莫撒德（Mozart）爱惜寸阴，尝当著文之际，一日二夜不寝。晚年卧病床榻，其名篇《Requiem》实辍笔临终之际。戎孙博士（Dr. Johnson）以一周间傍晚时之余暇，成《那舍那士传》（Rasselas），卒以供葬母之用。皆勤勤不妄费一时者也。

　　成功者之成功，在善用此五分钟；失败者之失败，在浪费此五分钟。虽至微之时，而关系有绝大者，不可不审也。以该撒之英雄，得一书未及开封，一时之犹豫，而遭暗杀之奇祸。拿尔（Rahl）大佐为司令之际，贪作叶子戏，适得一报告书。时华盛顿之军，已越德赖维尔（Delaware）大佐置而未阅，投诸衣袋，局终启视，乃愕然大惊。亟召部下，为国家效死，时已无及，竟不交一兵，全军为虏。此并不过数分钟之延误，所谓间不容发者也。古之志士仁人，其处心积虑，造次必于是，颠沛必于是，不敢须臾怠忽，岂无谓哉！

　　今日之事，不可以待明日，是最善用光阴者，前已言之矣。科顿（Cotton）尝曰："慎勿言明日。明日者，如诈夺汝财产之恶人，虽有金钱不以畀汝，但矢空愿，但为虚约，终不可得。明日之时，惟见于愚者之历书，智者不屑口之。明日之子，名曰妄想；明日之父，名曰大愚。以梦中之材料，制出卑下之暮气，是即明日也。有作事垂成而败之人，长太息曰：'我竭一生之力，以求所谓明日，明日又明日，遂送我之一生。'悠悠忽忽，真可畏也！"

　　一日之间，惰气所生之时，言者绝殊。或以惰气生于晚食以后，或以生于午食以后，或以通常晚七时后惰气生矣。要之勤勉之人，不见此区别，无论何时，莫非自厉之时也。然昔人

第四编　职业及处世

多尚朝气，如韦伯司特（Danial Webster）每以朝食前作书二三十通，亦是重朝气矣。既重朝气，不可不早起，吾国教人早起之说甚多，不烦胪举，今略举西方之士言早起者。早起固亦爱惜光阴之一道也，马敦记一文士之言曰："寝榻可为一大怪物。方其寝也，觉有所憾；及其起也，又觉有所恨。夜之即榻，心决然以为当早起；早之去榻，身恋然若不欲起。寝榻岂非怪物乎？"世之名人，多早起者。彼得大帝日出前即起，曰："吾欲长生，故常短眠。"亚福来德大王（Alfred the Great）亦早起。哥伦布士发见美洲之志，定于清晨。拿破仑之作战计划，亦多定于清晨。哥白尼与其他天文学者，往往早起。美之华盛顿、哲斐孙（Jefferson）、韦伯司特皆早起之人也。早起之益，实不可量。康王晏起，关雎作刺。晏起实一人一家堕落之第一因。无论何人，夜睡八时已足，亦有睡七时即足者。既睡八时之后，便当起床，作速整衣，以趣事务，庶无废时也。

第三章　节俭论

吾国古多崇俭之训，而墨家主之尤力。然墨子之言节俭，如《节用》等篇，多在以限制人君之奢侈，非尽为个人立身之道言之也。至于古训中论家人节俭之道，最为后人所称者，莫如宋陆梭山《居家制用》一篇。梭山盖象山之兄，言有根柢，今载其略于下。

今以田畴所收，除租税及种盖粪治之外，所有若干，以十分均之。留三分为水旱不测之备，一分为祭祀之用，六分分十二月之用。取一月合用之数，约为三十分，日用其一，可余而不可尽，用至七分为得中，不及五分为啬。其所余者，别置簿收管，以为伏腊、裘葛、修葺、墙屋、医药、宾客、吊丧、问疾、时节馈送；又有余，则以周给邻族之贫弱者、贤士之困穷者、佃人之饥寒者、过往之无聊者，毋以妄施僧道。

其田畴不多，日用不能有余，则一味节啬。裘葛取诸蚕绩，墙屋取诸蓄养，杂种蔬果，皆以助用。不可侵过次日之物，一日侵过，无时可补，则便有破家之渐，当谨戒之。

其有田少而用广者，但当清心俭素，经营足食之路，于接待宾客、吊丧问疾、时节馈送、聚会饮食之事，一切不识，免至于求亲旧，以滋过失；责望故素，以生怨尤；负讳通借，以招耻辱。

居家之病有七：曰笑（如笑骂戏谑之类，一本作呼，如呼卢喧嚷之类。）；曰游；曰饮食；曰土木；曰争讼；曰玩好；曰惰慢。有一于此，皆能破家。其次贫薄而务周旋，丰余而尚鄙啬，事虽不同，其终之害，或无以异，但在迟速间。夫丰余而不用者，疑若无害也。然己既丰余，则人望以周济，今乃恝然，必失人之情，既失人情，则人不佑。人惟恐其无隙，苟有隙可乘，则争媒蘖之，虽其子孙，亦怀不满之意，一旦入手，若决堤破防矣。

前所言存留十之三者，为丰余之多者制也。苟所余不能三分，则有二分亦可；又不能二分，则存一分亦可；又不能一分，则宜搏节用度，以存赢余，然后家可长久。不然，一旦有意外之事，必遂破家矣。

前所谓一切不讲者，非绝其事也，谓不能以货财为礼耳。如吊丧，则以先往后罢为助；宾客，则樵苏供爨清谈而已；至如奉亲最急也，啜菽饮水尽其欢，斯之谓孝；祭祀最严也，蔬食菜羹，足以致其敬。凡事皆然，则人固不我责，而我亦何歉哉？如此，则礼不废而财不匮矣。

前所言以其六分为十二月之用，以一月合用之数，约为三十分者，非谓必于其日用尽，但约见每月每日之大概。其间用度，自为赢缩，惟是不可先次侵过，恐难追补，宜先余而后用，以无贻鄙啬之谢。

梭山家居制用，盖本诸王制所以制国用者，而施之于家。

虽似以家为本位，在当时之社会，实为适当之节俭法，不失儒家本色。至其生计之本，则归之于农，然治其他职业者，固未尝不可以此推之也。以见本末具有条理，切实可行，故录之。

古人以俭德名者，尤无代无有。然晏子一狐裘三十年，或以为太俭；公孙弘布被脱粟，或以为作伪。今惟著宋以来诸贤数事，可以观焉。范忠宣公平生自奉粗粝无重食，不择滋味，每退食自公，易衣短褐，率以为常。子弟有请教者，公曰："惟俭可以助廉，惟恕可以成德。"苏子瞻曰："吾借王参军地种菜，不及半亩，而吾与子过终年饱菜。夜半撷而煮之，味含土膏，气饱霜露，虽梁肉不能及也。人生须底物，而乃更贪耶？"因作诗云："秋来霜露满东园，芦菔生儿芥有孙；我与何曾同一饱，不知何苦食鸡豚。"遂题其《庐日安蔬》。汪信民尝言："人能咬得菜根，则百事可做。"胡康侯闻之，击节叹赏。胡寿安在官，未尝肉食。其子自徽来省，居一月，烹二鸡。公怒曰："饮食之人，则人贱之矣。吾居位二十余年，尝以奢侈为戒，尔好大嚼如此，不为吾累乎？"司马温公在洛下，与诸故老时游集，相约酒行果实食品，皆不得过五，谓之"真率会"。尝自言曰："先公为郡牧判官，客至未尝不置酒，或三行，或五行，不过七行。酒沽于市，果止梨、栗、枣、柿，肴止于脯醢、菜羹，器用瓷漆。近非内法，果非远方珍异，食非多品，器皿非满案，不敢会宾友，常数日营聚，然后敢发书。苟或不然，人争非之，以为鄙吝，故不随俗奢靡者鲜矣。嗟乎！风俗颓敝如是，居位者虽不能禁，忍助之乎！"章枫山曰："待客之礼，当存古意。今人多以酒肉相尚，非也。闻薛文清公在家，宾客往来，只一鸡一黍，酒三行，就食饭而罢。又魏文靖公在家，宾客相望必留饭，止一菜一肉。此皆昔贤之节俭可风者也。"王衍平生不言钱字以为高,然此资生之道,又安得不加意也。斯迈尔斯曰:"人生当思如何而后能生财,如何而后能积财,如何而后能用财。为之处分之法,而验之于实事。金钱虽非人生所当最重,然亦决非细事也。凡身体之便安,社会之福祉,其有赖于金钱者正多。人之美德,如所谓宽大、忠厚、信义、清廉、勤俭、远虑皆于处金钱而得其正者,有密接之关系;人之恶德,如所谓贪鄙、欺诈、私欲、奢侈、疏忽,皆于处金钱而不得其正者,有密接之关系。"泰洛尔(Henry Taylor)著《原人之书》,有曰:"人之于金钱。宜有当然之道。凡我贷之于人,及人贷之于我,与施于他人,遗于死后,而皆合于当然之道者,如是可以为完人矣。"

人无远虑,必有近忧。人之节俭,非徒为目前之生计,盖将以防后日之空乏。能克制己之私欲而全乎其德者,非自本极俭之人不能。尚俭之说,固为有弊;视导人以奢,固有间也。淡泊自甘,于目前衣食,不求美好餍足,而为后日安稳之计,此人人所当勉也。勤于职业者,往往能多得金钱,然饮食之徒,得之虽多,散之亦速,一旦有故,赤贫立致,将何益矣?英国拉塞尔卿以工人饮酒而税重议减酒税,夫减酒税固不得不为仁政,然求所以利于工人,不如教之甘淡泊而戒沉饮也。

夫人以心手之力所得之资财,而徒以盈口腹之欲,是其人必入下流,以至于衣食不给而后已。科伯敦(Cobden)尝集工人而训之曰:"天下之人虽多,不出二种:一为能存贮金钱之人;一为徒耗费金钱之人。"约而言之,即奢侈之人与节俭之人而已。世间宫室之壮丽,工场之广大,桥梁舟车之繁备,及其他为社会文化之助,而为人生福利之资者,皆节俭存贮金钱之人之所造成也。至于浪费金钱之人,徒为节俭者所役使,而仰其供给焉。此天地自然之法律，即天道报应之理也。然则懒惰之人，不知远虑以为后日之备，则能自树立者鲜矣。

节俭者虽极贫之人，而积其勤劳所得，可以致独立之生活。倍根之言曰："节俭之道，与其竞小利，毋宁省小费。"善哉言乎！故能谨贮其浪费滥用之金钱，以为终身资产之基，即自主独立之要道也。浪费金钱之人，不能保其身，非他人败之，自败之也。不知责己，徒怨世人，岂不惑哉？且节俭非吝啬之谓也。己有余资，则可分其惠以及人，为慷慨义侠。有益于世之举，此金钱之正当用法也。若徒积财以自丰，何以异于守财虏哉。斯迈尔斯曰："俭节为善德，而吝啬为恶行。"闭塞仁爱之心，缩小宽大之量者，是吝啬也。斯各脱曰："辨士（钱名）杀人之灵魂，白刃杀人之肉体。二者相较，辨士之杀人多矣。"故为辨节俭与吝啬之分于此。

节俭则有以独立自资，而免于借贷之害。西谚曰："空囊不能直立。"负债之人，其犹空囊不能直立乎？人一负债，则行为必不真实。谚又曰："欺伪者骑于负债之背。"负债至期不能偿，则每饰虚辞以塞债主。故借债进一步，欺伪亦进一步。借债欺伪，互相追随而无有穷已，岂不哀哉？画家海登借债于人而归，叹曰："古语谓借债与借忧俱来，今亲尝之而益信。"一少年入海军，海登戒之曰："无钱时不可游乐，不可借他人金以为游乐之资，借金是自贱其身也。"吾周非谓不可以金借人，然若以我借金于子之故，使子无以为偿，是因我借金而累子之行也，是不可也。戎孙博士尝以早年举债，为人生败坏之基。故人当恒念借债之不便，以借债则将失其自由，为人生最大之祸。立志不借人一钱，而安于节俭。惟求自助，而深知未有他人能助我者，如是庶几免于借债之祸矣。

凡人不宜疏略事务，金钱出入之数，宜一一为籍记之。虽系小小算计，其后常得大益。时时着意，可使己之费用，不溢于资产之外，此量入为出之道也。洛克曰："人欲守其分限，不越规矩之外，尝以金钱出入之籍，时存心目，是为立身之良法。"惠灵吞（Wellington）于金钱出入之数，皆自加综核。尝谓人曰："予尝误信一仆，使偿人金。一日破晓，见债主立门外，因廉知此仆得金，实未往偿。自后遂不假手于人。"又论负债之害曰："负债则主人化为奴隶，予虽当极匮乏之时，而不索借于人。"华盛顿之为人，亦如惠灵吞，其治事务，虽纤细不遗，故家用丝毫不逾常轨，计算甚严，能以己之产业营生计，而不失正直廉节之道。其后卒成美洲独立之功，盖平日细事亦有法也。英水师提督哲维斯（Jervis）为著名大将，尝自述其节俭偿债之事曰："余先世家族甚众，而资产不多。余之出也，余父畀以二十镑。使图自立之道。余平生所受于吾父者，唯此二十镑而已。既而得从事于水师，负债二十镑，具书一单，乞吾父为偿之，吾父不许。余甚懊丧，然自是决心，以后当不复负人钱。于是在船不与军官同食，攻苦茹淡，衣服皆自澣濯补缀，又以卧被制袴，冀储蓄金钱，以偿所负，而恢复吾之名誉。由其时以至今日，吾皆兢兢不敢滥用溢于所入之外。"哲维斯忍贫苦者六年，遂成其学，后封伯爵，有大勋于国。

人之不能节俭，率坐好饰外观、衣服、游乐、以为得意，不知外貌之优美，不足以定人生之品格也；而滔滔者竟以是堕落，岂不可叹！求为节俭者，须先有克己之功，见纷华盛丽而无动于中，以自趣于广大高明为志，斯节俭之习，不养而自成矣。一钱虽少，而千家万户之所以得安乐者，其始亦由于谨用一钱，而慎蓄其余。念农工之勤苦，每日所得几何？则用财自不忍滥。念凶岁饥馑，亲戚邑里，或不免于流亡，则知浪费之足悔也。莱特（Thomas Wright）者，铁工也。一日忽思罪人之被赦而复为民者，未尝不欲改过自新，苦无所借以谋生，则至再犯罪蒙恶，毅然冀得当以济之。莱特自早六时，至晚六时，皆执役于铸铁场。直休暇，即往救助被赦之罪人，使得职业。十年之间，所救助者三百余人。此事须钱财，须光阴，须精力，莱特一铁工，岁入不及百镑，然不妄用一钱。其所贮者，不仅以惠罪人，而且以畜妻子，且以备己之老病。盖恢恢乎若有余焉，亦足异矣！莱特真能善用其金钱者也！

侯穆勒（Hugh Miller）少年时，尝为泥工。一日工罢。同侪聚饮。侯穆勒大醉，归家后偶阅《倍根文集》，字画如跳跃，茫然不知其意义所在。因自叹曰："如是者将丧吾天爵，而伍于下流，可不惧乎？"自是不复饮酒。大抵勤勉与节俭二者常相待，能勤勉者多能节俭。盖其发愤厉志，习之已久，心不放逸，无由濡染侈靡也。勤勉与节俭为人生之正道能，由此正道，虽操劳苦卑下之业，不足为愧，且有由是成大功名者。合众国有一大总统，少时曾为木工。及任总统，或问其微时事，即慨然告之。僧正弗礼西尔（Flechier）少为烛工，有讥之者。弗礼西尔答曰："使子与我易地，今犹为烛工可也。"夫操业亦乌有贵贱，其人自贵贱之已耳。

西谚教人节俭自力者甚多，姑录一二。如曰谨用辨士，则金镑亦自整理；曰勤勉者幸运之母；曰不劳苦则无赢利；曰不出汗则不得甘；曰天下者勉力坚忍之人之天下；曰借债而生，宁不晚食而睡。以色列王所罗门（Solomon）之格言，亦有可味者：如曰怠惰之人与浪费之人兄弟也；曰蚁夏而备粮，秋而敛物，其智足师；曰贫乏之至，速若过客，迅如武士；曰勤勉之手，富自造出。然节俭非以求富也，节俭为德行之一，而富与德行，自是二事。固有由节俭而富者，既富而知散之于正业，亦可以成德矣。

第四章　诚实论

　　处世之要，诚实最为第一。刘元城见司马温公，问尽心行己之要，可以终身行之者。公曰："其诚乎？"刘问行必何先，公曰："自不妄语始。"能诚实则无虚华傲慢之习。王阳明曰："后生美质，须令晦养深厚。天道不翕聚则不能发散，花之千叶者无实，其英华太露耳。"又曰："今人病痛，大段只是傲。千罪万恶，皆从傲生。"傲之反为谦，谦字便是对症之药。然非徒外貌卑逊，须是中心谦让。常见自己不是真能，虚己受人，尧舜之圣。只是谦到至诚处，能诚实则与人有信。周恭叔未三十，见伊川，持身严苦，块然一室，未尝窥牖。约婚母党之女，登科后，其女双瞽，遂娶焉，爱过常人。伊川曰颐未年三十时，亦不能做此事。刘廷式既定婚，越五年，登第，其所聘女已双瞽矣，女家力辞不可以配贵人。刘曰："失明于定婚之后，义不可弃。若此女某不娶，将何所归？"爰择吉成礼，夫妻相敬如宾，每携手而行，生二子，后瞽女以疾卒，廷式哀哭不已。时东坡为太守，慰论之曰："哀生于爱，爱生于色。

君娶盲女，爱从何生？"廷式曰："某知亡妻哭妻，不知其有目与无目也。"东坡抚其背曰："真丈夫也！"瞽女生二子，皆成名。夫宁娶瞽女而不肯失大信，可谓诚实矣。吾国以诚之一字，为作圣之功，其义高远，不悉及焉。

斯迈尔斯曰："古人谓端正信实，为最善之处世法，此非空言也。"人生日用之间，能端正诚实，则万事之利，由之而生。侯穆勒始为商，其诸父戒之曰："凡汝卖物，当自权量，常于物价相准之际，少分余利于人。能存心如此，后必有获。"有卖酒家，以卖酒致富。其酿酒多用麦芽，每至桶处亲尝其味曰："尚未旨也。"更加麦芽，如是酒果旨。此卖酒家非必为获利，其品行诚实，不愿以不旨之酒售人也。而酒果大售，遍英国及印度，无不知其酒之旨者。夫言行之诚实，人人所当勉，盖万事之根本。而商贾工人之于廉信，兵士之于气节，教徒之于慈悲，尤不可丝毫不存于其间。世间之职业，未有卑贱，不能诚实，是自卑贱之矣。侯穆勒尝论其师之为石工者曰："彼能置其心于所斲之石中。"凡用志不分，是即对于职业而能诚实，是之谓能敬其事。真正工人未有不十分尽心于工事者，所作务求坚固，惟恐草率。呜呼，推之荐绅先生，亦何莫不当然矣！

贸易买卖之事，较诸其他职务，尤能试人之品行。其与人交也，若正若邪，若曲若直，若公若私，若诚若伪，莫不洞然呈露，毫不可掩。故为商贾，而能公平正直诚实，其光荣比于军士之气节，不惟为他人所信任，且国家社会之进步，亦视通常商贾诚伪之度以为差。入其国而市无定法，工无定价，务相欺罔，以自图利者，充塞于市，则其国文化之度，必有所未至也。富商大贾，乃至银行，往往以多数金钱，付于仅营衣食之店中徒伙，而侵盗欺骗，败坏信义者独少。盖因创办商业之人，其始多半以诚实之意相孚，久之则诚实遂为商人之习惯。商人信任所驱使之人，较诸誓约尤坚，可见商业根本所在矣。英人以商战雄于世界，其国人类重品行，有名之商人，多获诚实之誉。及至今其社会之上，以欺诈为营业者，犹觉较少于他国，此其商业之所以盛与。

端正信实之人，虽获效致利，容不能如有诈谋诡计者之速，然其发达之际，恒真实而坚固。虽或一时困踬，能守己之品行，不越尺度之外，终有以得社会之信赖也。伦敦鬻钟表者曰谷拉含（George Graham），其人信实不妄，每帮钟表于人，必自定保险之期，期内如有差忒，可返之谷拉含。有绅士购一表，谷拉含语之曰："此表如七年后时间有五分之差，子仍以还我，我还子钱。"绅士赴印度，七年而归。往访谷拉含，告之曰："子之表已迟五分。"谷拉含视之曰："真我所制也，吾尚忆吾之言。"立返其金。绅士见其诚也，曰："予仍愿以十倍之价，取回此表，盖予不愿离此表也。"谷拉含曰："先生休矣，吾决不能破吾之信。"因悬其表以自厉焉。谷拉含之师曰汤平（Tampion），作艺精巧称于时，亦诚实不苟人也。其制表也，镌名于上。一日有求其修表者，上镌己名，汤平察是赝物而托己名者，引槌碎之。客愕然，乃自架上别取一表赠之曰："此真汤平之表也。"

刚伯里亚（Cambria）铁道会社，佣职工七千人，而莫理尔（Morril）为管理人。或询其营业何以发达至此，必有秘诀。莫理尔曰："吾辈之秘诀，惟加工以击轨铁，务使制品精好而已，此固人人所知之秘诀也。"

诚实之人，其处事必矜慎不苟。温西（Leonard de Vinci）

第四编 职业及处世

之名画《最后晚餐图》，其布置点景与彩色间，有小小未当，终日步行徘徊市中，思所以改作之者，不得当不已。解里登（Sheridan）曰不假精思而成之文，率不足读。其所为喜剧，多屡经改窜而后定稿。一书贾得蒲白之原稿，告人曰："此稿无论何一行，无不经蒲白二次改定者。余曩得改定稿，即使工人排就，送诸蒲白自为校订。校后持归，则又各行皆有所改矣。"嵇朋之《罗马史》，改定至九次。其第一章，改至十八次。其余名人著书，多有积数十年之心力，易稿至十余次者，皆对著述之事，诚实不苟，故如此矜慎也。其事偶有见前数编者，不复赘焉。

诚实之人，无论为工为商，其处事必不苟。一为制造业者有言曰："汝若制一蒸汽机器而拙，不如制一针而精也。"盖能制劣品，虽累数十，不如制一精品矣。

诚实之人，必不妄言。盖多言必妄，欲不妄言，当先自寡言始。蔡虚斋曰："有道德者，不必多言；有信义者，不必多言；有才谋者，不必多言。惟见夫细人、狂人、妄人，乃多言耳。"刘蕺山曰："造物生人，两其耳目，两其手足，而独一其舌。意欲使之多闻多见，多为而少言也。其舌又置之口中奥深，而以齿如城，唇如郭，须如戟，三重围之，若恐其藏之不固而轻出者。故圣贤教人，惟以谨言为兢兢。"又曰："喜极勿多言，怒极勿多言，醉极勿多言。喜时之言多失信，怒时之言多失体。"又曰："对人无可说话，慎勿强寻闲话来说。不是承迎世人，求为骧悦；便是自无着落，消遣不过。"

人之多言论者，盖骛于虚文，非实事求是之道。事务家不惟寡言，凡事皆当处以简要，庶不漓诚实之本。费尔德（Cyrus W. Field）之言曰："能简要者，最为爱惜光阴。盖为事不愆定晷,与忠实及简要三者,是人生当守之良训也。慎勿写冗长之信,事务家且无暇能读此冗长之信也。凡有所言,简要而已。虽至重大之事,未有不可约诸一纸之中者。数年前,余从事敷设大西洋海底电线,有事将启女皇。乃为一书属草至尽六纸,后改窜之至二十回,每回删除其冗字冗句最后仅余一纸,而所言要领毕具。遂以达之女皇,未几,即得答书,所答颇满意。使予之书长至六纸,女皇不将厌读之乎?故简要者每能成功也。"

诚实真处世之要道。自尽其良心,能克己而不背信约,不为奢侈,不为虚言,长为社会之所倚赖,而己亦无所自愧,可以立功业,可以营职务。凡立身成名之基,莫大于此。

第四编 职业及处世

第五编

人格论

第一章　士君子之模范

英人每教人以有"Gentleman"之品性，或以此字当中国所谓士君子，然昔之圣贤所称君子之义至高，固非"Gentleman"一语所能尽，今姑泛指称为士君子。士君子者，为人人所必勉之人格，而立身之标准也。顾如何斯可谓之士君子矣？辄先举《论语》中孔子之论君子而切于人事者，以究君子之品性焉。大抵孔子论君子之品性有四端：（1）君子贵实行不贵空言。如孔子曰："君子食无求饱，居无求安，敏于事而慎于言，就有道而正焉，可谓好学也已。"又子贡问君子，子曰："先行其言而后从之。"沈括《梦溪笔谈》曰："先行当为句，其言自当后也。"又孔子曰："君子欲讷于言而敏于行。"又曰："君子耻其言而过其行。"是贵实行不贵空言，为君子品性之一也。（2）君子尚义。孔子曰："君子喻于义，小人喻于利。"又曰："君子之于天下也，无适也，无莫也，义之与比。"子路曰："君子尚勇乎？"子曰："君子义以为上，君子有勇而无义为乱，小人有勇而无义为盗。"是尚义为君子之品性二也。（3）君子必谦逊。孔子曰："君子无所争，必也射乎！揖让而升，下而饮。其争也君子。"又曰："君子矜而不争，群而不党。"此谦逊为君子之品性三也。（4）君子动作依于良心，内省不疚，而恒得其乐。孔子曰："君子泰而不骄，小人骄而不泰。"又曰："人不知而不愠，不亦君子乎？"又曰："君子坦荡荡，小人长戚戚。"此内省不疚，恒得其乐，为君子之品性四也。夫实行、尚义、谦逊、悦乐之四德者，固士君子所以为众人之模范，而人之欲为士君子者，不可不以此自勉者也。

夫士君子何以异于人？其异于人者，品性而已。品性于何见之？于言行见之而已。人当视品性重于才智。社会品性之善，不惟合于众人天良是非之心，直为邦国郅治之本。英王佐治三世之大臣加宁（Canning）尝自言其志曰："余之行恒守正道，由品性以致于❶势位，虽不由快捷方式，若为纡回，而余终觉其巩固安稳。夫有才智之人，谁不叹赏？然终不为人倚信者，则知品性之足贵，而才智之不足尚也。"拉塞尔卿曰："欲求有才智之人以为辅助，必得品行之人以指导之。"斯可为至言。近世法兰西有霍纳尔（Horner）者，一商人之子，仕为卑官，不名一钱。其卒也，仅三十八岁，举国识与不识，自非无心而秽行者，莫不哭之极哀，夫何盛年而能得此？霍纳尔资质不过中材，小心谨慎，作事迟缓，其言呐呐若不出诸其口。然敬事而信，正直而和顺，故为人所爱，倾倒一世如此。然则德行之关于人，岂不大哉？

富兰克林（Frankline）者，美国慷慨义烈之士，而又哲学者也。既居显职，有大勋于国，及自追数其功，不归诸才能辨智，而归诸品性之诚实。其言曰："予以品性诚实，为国人所重。予不善词令，所言常不能出口。然志之所在，常必行之

---

❶ "以致于"，当为"以至于"。——编者注

此，亦品性为人信赖之证也。"郑康成有名德，黄巾罗拜其里，不犯而去。法之孟典（Montaigne）文行为时所推。当法国内乱，两党交战，缙绅之中，惟孟典之门不闭。论者谓孟典之品性服人，足防危难，胜于甲兵多矣。

人欲砥砺品性，而为善人君子，其立志必先高大。盖将善其品性，当出勤勉之力以赴之，而后德行可得而进。所志既高大，虽未能达其全，亦不致流于污下矣。狄士莱礼（Disraeli）之言曰："人之视不仰必俯，人之精神不飞扬于天，则行见匍匐于地，未有怀卑陋之志，而能成高尚之人格者也。"世虽多伪德伪行之人，而真正之品性，决不可以欺饰。货物之价，或可以伪乱真；品性之价，决不能逃于众人之目也。品性之着见，即在言行，言行者众人之所同见者也，故士君子必有诚实之言语与诚实之行为。英大政治家罗伯比耳（Sir. Robert Peel）之卒也，惠灵吾推论其言行，不外"诚实"二字。盖诚实则能言行一致，言行一致虽最高之品性，尚何以加于此乎？

言行一致，表里无间，斯为诚实品性之本质，故人之发见于外者，必与存于内者相同，是士君子之义也。美国一巨绅，深慕格兰·维夏伯（Granville Sharp）之为人，欲以夏伯名其子，而致书格兰维·夏伯以请之。格兰维·夏伯报书曰："足下欲以吾名名贤郎甚善，然吾有一相传之格言，愿足下并以教贤郎也。其言曰：'凡汝欲显于外貌者，务使必出于中心之诚意。'斯言也，吾受诸吾父，吾父受诸吾大父。吾大父为人淳朴忠直，无论在公在私，无不以诚实为主，而好诵此格言，故吾父得而记之也。"斯迈尔斯曰："凡人为自重，欲使他人见重者，皆当三复此言。"盖在内之志不诚实，则不能根于良心，而发为在外之品性。己之行为与言语相反，则不为人所重；己

第五编　人格论

之言语，无有价值，则不为人所信，是亦自然之理也。

所谓诚其意者，毋自欺也。故诚实之君子，虽处暗室之中，其心皎然无愧，一如在众人视听之地。惟慎之于独，习之于渐，故能发而为诚实之德行。许鲁斋暑月避乱，道旁有果，人争取啖，鲁斋独不取。或曰："黎无主，盍取诸。"曰："非其有而取之，非义也。黎无主，吾心独无主乎？"斯迈尔斯记一童子，有人问曰："向众人散去时，汝何不独取黎纳诸怀乎？"答曰："众人虽去，我固在也。吾安忍以我身为不诚实之事？"此二事相类，虽小节可见人大处。大凡人欲成就德行，先要制得此心，将邪恶摆除，而猛向善行上着力，久之善行自成习惯。所谓人格者，无非去其恶习惯而就善习惯也，惟在于所以养成此习惯者加功耳。语曰："习惯为第二天性。"麦达斯达西（Metastasio）以为人于一行事、一思想，而能反复练熟，其力至大。故其言曰："人间万事，皆习惯也。"德行亦习惯也。巴特勒（Butler）著书，以为人能自练习善行，而与物欲相抗；久之德义成习，为善反易于为恶。其言曰："人身之习惯，由于外之身体之练习而生；人心之习惯，由于内之心志之练习而生。然则亦练习之于内，而行之于外而已；以恭顺、真实、公正、仁爱之心，而发着外之品性而已。"白鲁韩卿（Brongham）尝曰："无论何事，习惯则易。既成习惯，离之转难。譬以戒酒成习，自恶曲蘖；俭约成习，自恶奢侈。"然人又不可不时时自警，以防恶习侵入。一为恶习所惑，有终身不能振拔者。《汉书·原涉传》谓家人寡妇，始慕宋伯姬、陈孝妇。一为强暴所污，遂行淫失，知其非礼，然不能自还。然则有志之士，于恶习之来，固不可不慎其始矣。总而言之，善行出于习惯，而习惯又莫非所自造。初觉其难，久而渐易。初如蜘蛛织网，丝理甚弱，一旦成习，则如铁索之相络也。故绝大之功，起于微细，能积微细，其大无外。雪花飘地，静而无声，积则摧林木、圮屋宇，夫人亦在乎习之而已。

所谓善习者，凡自重、自助、勤勉、信实之类皆是也。一切称为道德之事，无不可由习惯以成之。人当幼少之时，即宜使渐于善习，蒙养以正，而终身之功在焉。譬如刻文字于树皮，树长则刻字与之共长，此不可不加意也。科林吴德（Colingwood）戒所爱之一少年曰："子年尚未及二十五，其亟于此时立终身之品性矣。"盖习惯为与年俱进之一势力，始基不善，长大之后，欲更出新甚难。人已长则昔之所知所习者，且有忘失之患，况将改学其未知未习者乎？希腊有善吹笛者，或从之学。而先尝受业于拙师，则属倍其束修，盖非新知之不易，而拙师之旧习难除也。天下明暗，一而已矣；吉凶丑好，一而已矣；喜怒哀惧爱恶，一而已矣。然人有常见其明而不见其暗者；有常见其吉与好而不见其凶与丑者；有常见其喜与爱，而不见其哀与恶者，所习之不同也。故士君子在审所习。

今更述斯迈尔斯论英语景特尔门（Gentleman）（即士君子）之真义：景特尔（Gentle）者，含有温厚、和平、善良、醇雅数义；门（Man）之言人也，其义非以其位，乃以其德，后遂用为上流人士之通称。法国某大将曰："景特尔门之品性，不假世间爵位，而别有权威，自为他人所敬。其敬之也，非以其外貌，乃以其实德也。"英之古诗人赞景特尔门之德曰：我思君子，惟正直以行义兮，以中心之实而出言语兮。此得其大意矣。故景特尔门之义，颇近于吾国所谓君子者。君子必自重其身，而后人从而重之；又非以求重于人，而后自修其品性也。出于良心之所不容自己，以己之目，伺己之动作；以己之心，规己之过失。吾心所不许，吾不得而言也；吾心所不许，吾不得而行也。自重其身，不敢不勉也。人之待人以律法，君子之待人以仁德，故能与人以礼，恕人以过，恤人以惠，无所不用其极焉。费宅拉尔德卿（Lord Fitzgerald）旅行坎拿大时，值与印度土人夫妇同行，道中其妇人为夫负重囊，蹒跚不能前进，其夫则徒手步行。费氏睹之大惊，乃自乞此妇人之囊，负于己肩，为代其劳。此真君子之模范也！

君子之处己必廉，而不取非义，不为利所动。吾国多有其例，无烦赘述。惠灵吞之在印度，屡建大勋。阿西（Assaye）战后，有海德拉巴（Hyderabad）（印度一国名）之首相某来谒，欲探知麻拉答（Mahratta）与尼萨谟（Nizam）之议和条约中，己之国君所得之领土与利益何如，出十万镑为献。惠灵吞却不受，笑而语之曰："想足下必能不泄贵国之秘密。"曰："然，吾固侯也。"惠灵吞亦曰："然，吾亦侯也，请从此辞。"揖而送诸门外。惠灵吞在印度时，如其好利，则可致丘山之富，而自守不私一钱，归英国为极贫之人，可谓盛德也已。惠勒斯力（Wellesley）侯爵者，惠灵吞之从兄也，为大将于印度，率师征服弥索尔（Mysore）。东印度公司主人感其劳，赠以十万镑，惠勒斯力固辞不受，曰："吾非好为名高，不受此财，直念与吾同征之军士而已。吾若所得独多，是不啻减削吾勇敢之军士之所得，而使之独少，是以有所不忍也。"那比尔（Charles Napier）亦有战功于印度。土人之君长屡以金玉珍宝为赠，皆不纳，曰："予欲富则自入印度以来，可得三万镑。吾未尝以污吾手，故吾手不须濯也。吾大战尝佩吾父所赐之剑，今亦未尝污也。"若三子可以风矣。

君子不欲富，以德为富，故见利而思义，虽有黄金万镒，而德行不足存焉，可谓极贫也已。世有身贫心富之人，有身富心贫之人。身贫非贫，心贫乃贫也；身富非富，心富乃富也。心富莫如德，君子惟恐德之不有于己，善之不在于躬，终日皇皇，凡以此也。

君子以信为重，故以真理为万物之最高点，而处事能尽其诚。惠灵吞当半岛战争之时，与法国大将开尔孟（Kellman）相对。因捕虏口约之事，贻书开尔孟，谓英国士官所以自夸者，自勇之外，即信是也，因曰："英国士官，若口出一言相约，即决不肯逃以背信，顾足下勿疑吾言。凡言出英国士官之口者，胜于以三军之士环守之固也。"

君子必有勇，然外甚勇而心甚仁；其褊浅刻薄者，盖不足以语此矣。约翰·弗兰克林（Sir. John Franklin）以航海著名，其友尝称之曰："弗兰克林每遇大险，未尝退后，盖有勇者，而其心甚慈，不欲伤一蚊虫。"方在西班牙境内爱保塾（El Bodon）之战，法国士官挥剑伤一战将之手，臂已断矣，此士官则解剑致礼驰马而过之，真君子之度，不乘人于已甚也。英法半岛战争，法国名将名奈伊（Ney）者督军，俘英将那比尔。见前其亲友不知其存亡，乃令人乘舟往询之。既至，奈伊曰："可使囚人晤语。"使者踌躇若有未决，奈伊微笑曰："岂尚有所望乎？"使者曰："那比尔有母在。"奈伊曰："有母耶。"立释那比尔归。时英法两国，尚无互还俘馘之法，奈伊毅然为之，惧拿破仑之望之也。拿破仑闻其事，深嘉许焉。此以杀敌之勇将，而有仁慈之心者也。

君子之所以为君子，在休然有容。遇侮辱而能忍，古所谓犯而不校，及唾面自干之类，皆足见君子之德量也，君子之有容也，非徒以处己，其施于人亦然。故不居上而骄下，不挟智

第五编 人格论

以玩愚，不陵弱，不暴寡，虽于妇人、孺子而不敢忽焉，小心翼翼，蔼然和悦。日耳曼有名诗人那莫特（Lamotte），一日，行人丛中，偶践一少年之足，少年立批其颊。那莫特曰："噫，君若思我为不知而误践之，必自悔其所为矣。"盖横加强力于弱于己之人，是野人所为，安有君子而出此者？知其不能与己抗而后悔之，不足为勇，实见怯耳，不可不戒也。

君子有能不以自耀，有功不以自伐，宁自受害，不欲损人，施惠于人，不望其报，无有德色，虽在造次颠沛之际，自守不乱。埃布尔克龙比（Sir. Raph Abercromby），英之大将也，尝转战疆场之上。一日，受创殊重，兵士舁之舟中，以枕枕之。问曰："此谁之枕也？"兵士曰："将军创重，枕之幸稍安。"曰："噫，吾宁忍痛，不可夺他人枕也。"亟归之。悉德尼（Sydney）亦英将，奉命助和兰与西班牙战，被创流血，渴甚思饮，兵士四觅得一杯水奉之。一老兵亦受伤，卧其侧，睨杯水，悉德尼省其意欲饮也，竟让老兵饮之。君子之能克己如是。

君子之处事，恒有悦乐之心，盖能悦乐，则足以鼓舞精神，虽遇艰险，而志气不挫，往往成功也。夏伯当建议禁止买卖黑奴时，暮归，辄与昆弟弄笛奏乐，以慰其心。古人礼乐不斯须去身，君子无故不废琴瑟，世间难事，惟恃悦乐之精神以胜之而已。

君子者，自信之力必强。孟子曰："夫天未欲平治天下也，如欲平治天下，当今之世，舍我其谁也。"范文正为秀才，便以天下为己任。苏东坡每作书，辄于后幅留一方，曰："留与五百年后人作跋。"吴迟华士（Wordsworth）自信其诗必传于后，唐德（Dante）录定己之文名，开伯勒（Kepler）决心以待百年后之知己。惟其自信之坚，故恒能成事也。

第二章 礼仪论

君子所以服人者，又在礼节容貌之间，即自其进退举措观之，已有不同者矣。徐干《中论》曰："夫法象立，所以为君子。法象者，莫先乎正容貌，慎威仪。"又曰："立必磬折，坐必抱鼓；周旋中规，折旋中矩；视不离乎结襘之间，言不越乎表着之位；声气可范，精神可爱，俯仰可守，揖让可贵，述作有方，动静有常，帅礼不荒，故为万夫之望也。"

太阳之光，虽极细之孔隙而无不照；人生之品行，虽于极小之事为而无不见。盖所谓品行者，无非积日用常行之小事，而以成其全体也。故曰："不矜细行，终累大德。"君子则无所苟而已矣。颜色容仪，为人之所易忽，而品行之所著在是焉，故君子慎之。无论所接之人，为尊于我，为卑于我，为与我同等，待之皆宜温和有礼，不可存一毫倨慢之心。所以尽吾恭敬之实，使人受之而悦，如是之谓"有礼"。凡容貌辞气，皆德行之华采，德行得华采而愈光明。然若伪饰于外，内诚不孚，亦不足贵也。至于与人商论之际，当和气愉色，委婉以陈之，不可恃才扬己，务踔厉以屈人。苟见理果正，从容讽议，自可使彼徐徐默化，与我大同也。威勒斯（Wales），一传道师，曰："吾尝以昧爽，冒雾行深山中，遥见山侧有物，不辨其形，疑为鬼怪；及稍近，则固人也；又近视之，乃吾弟也。"此可为妙喻。世之腾口舌以争异同者，亦惟自损其雅度耳。

礼仪在身，则觉其人都雅；无礼仪则觉其人鄙僿。礼仪所以美身，有动容周旋之美，无论其天性中他种之缺陷，皆可于此弥之。感人至深，不可为喻，虽见于外貌，亦必存于中者所发，不可以伪为也。希腊谓美为最高之神，岂非重礼仪之谓哉！希腊人之理想，曰乐、曰爱、曰温和、曰大度、曰慈悲、曰高尚，何一非美之表现，而礼仪之内心乎？

嘉时理博士（Dr. Gutbrie）曰："若问罗马人以道路，彼必恭敬诚恳以答之。若问此苏格兰人以道路，彼辄曰：'汝自用心觅之，何问为？'此其弊当责之上流社会，盖此邦下流社会之人所以无礼者，以其上流社会之人未能有礼也。方吾游巴黎，吾心亦有所感。吾至巴黎之第一夕，与彼间银行人同往宿一逆旅，见有下婢迎候于户，此银行人即脱帽致礼，如对贵妇，乃知法国下流社会，能娴习礼仪者，以其上流社会，对之颇有礼也。"

夫人有礼则安，无礼则危，忠信之人，可以行蛮貊。世界日辟其户，以待有礼之人。有礼者不必有权势，不必有富厚，而所至为人所重。其来如春风之风人也，如阳和之煦物也，众皆悦之。谚曰："虽遇黄蜂，不螫涂蜜之人。"君子居世，礼意容貌，固可忽乎哉？蔡司费尔（Chestfield）曰："有礼之举动，盖为制伏无礼者最安全之上策。虽傲慢不逊之人，对之皆不觉而自生尊敬之念。若己之容止粗率，则懦夫亦起而侮之，不可不慎也。君子不以仇怨、忌恨、偏邪、猜疑之意加人，以此等之意加人，不啻酖生命于毒泉，而瘗美志于土壤。惟有广大之心，而忠厚之志者，乃可以立身如乔岳耳。

戎孙博士（Dr. Johnson）举止粗豪，疾恶甚严，见人有过，必面斥之，人呼之为"大熊"，以其刚猛罕礼貌也。一日与葛德时弥（Goldsmith）同在伦敦，赴一家盛会。席间葛德时弥偶询人以美洲印度土人之事，戎孙博士厉声曰："虽极愚之美洲印度土人，未有在盛会而问此事者。"葛德时弥亦曰："虽极愚之印度土人，亦未有在盛会而以此粗野之言貌，加于有礼之人者。"盖汝以无礼待人，人即以无礼相报，其间捷于影响，当时以深念也。

哀默深（Emerson）尝曰："人生即至短，何至无娴习仪礼之余晷。"此言甚有理，吾人之举动从容与否，当于平日待仆婢及处家人者征之。君子御下无恶声，宴居者无惰容，故出而行于社会，整然而治，雍然而和，其素所蓄积然也。二千年以前亚黑士多德之《士君子》论曰："士君子处顺逆两境，皆得其中庸。在上不骄，居下不谄，成不伐功，败不丧志，不近危害，不臧否人物，此所以为士君子也。"君子之真义，即谓有礼之人。有礼之人，能制其欲，抑其情，慎其口；信人不疑，亦为人所信。君子如陶器，常先画于未烧之前，故一烧而不复变；常人则画于既烧之后，故一洗而即消。君子虽贫贱，而有勇、有乐、有德，有不已之大愿，有无匹之自重心，发而为礼仪进退之度，彬彬然，闿闿然。其为富且贵，如之何其可及也？马恭（Magoon）曰："有礼即最良之政略。"邦交之际，有辩言之所不能胜，而礼容足以胜之。故与人当结其欢心，不当但以口舌取

---

❶ "黑"，当为"里"。——编者注

胜也。马敦曰："世界国民无如犹太人之恭谨有礼者。"犹太人自古以来，受虐待，蒙屈辱，所谓法律上、社会上之权利，褫夺几尽。然不问在何地，而能存其礼貌，言词甚逊，举止甚谦，不露圭角，富于友爱。常得人之欢心，而世世以拓其货殖之术。犹太人之温厚多仪，及忍人所不能忍，真冠绝世界也。然则犹太虽亡国，而其遗民，多能以贸易自树立，至今不衰，非礼仪之效与？一人远贾于外，获厚利，归纽约。会闻其友之贸易，大受损失，因问人曰："彼资本甚富，且久习商业之学识，又颇有智数，何故不利也？"或答之曰："其为人刻薄寡恩，常疑店伙之欺己，对顾客又无礼貌，是以店伙皆不肯尽心，而顾客亦望望然去之也，欲不败得乎？"世有厉精刻苦，以营商业，率因不娴礼仪之故而致败者，诚不可胜数矣。

因招待顾客有礼，而营业遂大发达，可以法国之朋马息（Bon Marché）商店征之。朋马息为巴黎最大商店，百物皆备，所佣店伙至数千人。其贩卖处之特色有二：一即物价甚廉；一即招待恳挚是也。所用店伙，不仅礼貌周到，且多方以买顾客之欢心，使顾客乐之如在家庭之间，故相率辐辏，所以朋马息为世界第一有名商店也。

容貌固须谦恭，然恭过乎礼，亦足使人不快，而生其迷惑。吾人于过度之礼貌，亦觉其乖于大方，而几近于无礼也。人于社会酬酢之际，忽露羞涩之态，亦足为仪容之累。此古之名人，犹所不免。奈端平日最畏人道其名，有所发明之事，虽更数年，不敢告人。倘偶闻人谈月之运动，其理或稍与己发明之物相关者，辄自面赤不已。华盛顿举动质朴小心，如村夫子。僧正华特赖（Whateley）恒羞涩畏见人，一日忽猛省曰："吾岂将忍此以终身乎？"以后力自矫正，遂有美度。巴礼特

（Elihn Burrit）见父有客来，辄走匿床下。此类前人甚多，虽小节亦是病痛，往往自见怯而纳人于不安，不可不改也。

凡遇公众讲演之事，或意先内怯，则不达其词，竟有不能发言者。昔之演说名家，多于平日试为种种练习，非易事也。名伶嘉力克（Dovid Garrick）演剧三十年，甚博声誉。一日，当至法庭为证人，及至，颇周章狼狈，嗫嚅不知所语，裁判官不得已为之罢廷。顾富（John B. Gongh）尝自谓以积年之功，不能克去早岁羞涩之习，每演说一次，身体颤动、冷汗浸肌。勇鸷之士，杀敌战场，了不怖畏，至于大众酬酢之际，则退缩不敢置一词。因念古人童时，便习应对进退。孔门言语，列为专科；诵《诗三百》，乃使于四方，不至辱命。贾子《容经》特著言容、交际演说，所以合欢致情，发志谕众，如之何其可忽也。

社会之上，方相煦以和气，而此一人，独向隅处独，如抱寒冰，宁不可悯？故避人与畏群者，非必美德也，此皆由于内怯之病、内怯之人，其交于世也，难见所长而易见所短。父母于儿童幼时，即当使矫正此病，如习拳术、击剑、驰马、学演说皆可矫正此病也。内怯之人，宜御美服，美服则动作较舒易，出话较自由。儒家不废修容，服饰寒俭，在内怯之人，尤自觉举止拘碍。然不可好作华丽奇怪之装，当求质量朴素，与身分相称者，深要留意也。虽然，服御要为低级之美，不可因是而牺牲高级之美。高级之美，则惟求之在内，非从饰其外所可得也。尝见溺情衣服之人，每役思想、掷光阴、费金钱，以求入时，往往有怠其本务而不自觉者，又不足道也。

总之，礼仪之发于外者，以心意之至诚为根本。马敦尝戏为欲学习良善之动作者处一方，今酌其意，亦处一方如下：

"无欲"三两

"愉乐之色"二两

"沉着之香"三两

"宽恕之油"三两

"常识"一两

"爱之精神"二两

上方通治"私欲""轻率""卑陋""傲慢"等病。

第三章　人格之力

人格即品性。人生斯世，孰为有真正之权势者，盖惟品性而已。人之敦品者，不假爵位而自贵，不拥货财而自富，无论居何地位，入何社会，人皆敬之。一人之品行醇美，其一人即具强力；人人之品性醇美，其一国即具强力。希腊古谚谓智识即势力，然不如谓品性即势力，更觉完美。盖无天良之知觉，无品行之才调，虽未始不可得势力。要所谓势力，适以佐其欺诈、盗窃之技，为正人君子之所贱，盖不足道矣。人之品性，以善良之德为本。有善良之德，加以心志贞固之力，其势力之强，天下莫能御焉。以之作善，以之成勇，以之防恶，以之胜强，以之忍艰难，以之敌灾祸，皆此力也。司泰芬（Stephen of Colonna）为敌人所擒，嘲之曰："今汝之城何在？"司泰芬以手扪其心，毅然答曰："在此。"品性高尚之人，虽灾祸环集其身，益见其皎皎不可污之志，后世犹且想望为不及。君子所以异于人者，此也。

我之品性之势力，足以感人；人之品性之势力，亦足以感我。程明道见周茂叔后，吟风弄月而归。人生得品性最高之人，以为依归，亲炙濡染，与之俱化。以变化己之气质，而成伪德行，真何可胜数。故品性之感人于不觉，远胜日强聒而教训之者也。儿童少时，恒以父母为模范，故父母举动言笑之细，其感于儿童之心者咸至深。家庭之模范，为男女将来品性之基。所谓一正家而天下正者，殆非空言也。有父母偶然之容色，而印于子女之心中，终身不可磨灭。父母心术善良，行为端正，永为子女所记忆。年长之后，或偶堕恶行，当中夜梦醒时，忽思父母平生，有懔然猛省，因以顿消其恶念者，此足见父母品性之势力也。

　　人之一言一行，其关系决非仅及于一时，盖影响于后来者甚大。善言善行，常能感他人于不觉，恶言恶行亦然。古之圣贤，所以传名于后世者，无非其言行之力耳。言行布在方册，使人读之兴起奋厉，故言行为人之精神。人之身体虽朽，而其行言之力不朽。今日之世，过去世之言行之力所造成也；未来之世，今日之行言之力所造成也。吾人一言一行，皆有继往开来之责，岂可忽乎哉？巴倍吉（Babbage）之言曰："吾人之身体，虽极细微之分子，而或善或恶，无不印入其中。"古圣贤之动作，既一一印入；千万庸俗人之动作，亦一一印入。善恶之原质，不失不坏，混合存贮吾人身中。空气如一大藏书楼，一篇一叶，尽载开辟以来世人言语。无论为附耳密谈，亦尽记不漏，传于无穷。故世人如或背誓弃约，终不能逃此直笔之史，尽入吾人呼吸之中而永久常住。地球、大气、海洋等，皆足为吾人行为之证。其运动与反动相准，天然之原因，与人间之行动，皆受治于同一之法律，永不消灭。譬如，此世最初有犯杀人罪之人，此罪即印于空气之中，罪之原质长存，故犯罪相续不已。此用物质不灭之原理，以证人之言行之力之影响于后世如此。

人之品性所以成就，恒赖于师友之教训切磋。近世师道已废，则立身者不可不以择友为第一要事。孔子曰："无友不如己者。"少年之时，习于善则善，习于恶则恶，若与卑陋之人为友，毋宁离群索居之为愈也。人如得一正直之友，因其品性之感化，即偶动邪念，犹或愧对其友，有所惮而不为。古所谓畏友，此类是也。如一时不得良友，则当尚友古人，读名贤传记，择其中一二最所向往之人，以为依归，亦足增己进德之志。

吾人不可不修养品性以成其人格者。既如此，人格之威力，不惟足以感化人，又足以慑服人。罗马时，马留士（Cains Marius）在狱中，一刺客往行刺。马留士大喝曰："汝敢杀马留士耶？"刺客失色，剑落奔去。拿破仑尝独行一阴暗之甬道中，一少年欲报国家之仇，知其将过此，挟铳伏而伺之。拿破仑行经其处，方俯首如有所思，不知刺客之伺其后也。少年举铳拟准且发矣，忽觉有微声，拿破仑即回顾，遽见此少年。拿破仑不动声息，但睨之微笑，刺客不觉铳落，遂得从容出险。此少年亦必勇士，较之拿破仑百战之英雄，其人格顿觉有天渊之别，故但一微睨，已足慑服之也。哀默深曰："若汝之人格完全，余将终身受汝之感化。其感化之不可避，如地球引力之不可避也。"人格之力，信夫。

人格之力，有少时即可征见者。斯巴达王克来美内士（Cleomenes）有一女，名曰葛果（Gorgo），方十岁，亚尼达哥拉（Anistagaras）者来谒其父，适葛果在傍。亚尼达哥拉欲有言于王，请葛果退，葛果不肯，乃坐父侧倾听。亚尼达哥拉乞其父助己王一邻国,纳万金为寿,克来美内士颇踌躇不欲。葛果虽未知其事云何,然见父有难色,遽引父裾曰:"去休,此人劝父,乃恶事也。"克来美内士遂起入内,得免陷于不义,此十岁女子之力也。人格之力,岂在长幼乎?葛果既长,为英雄勒阿尼大(Leonidas)之妻。一日,有在波斯之虏臣,托人进一书于王,书面涂以白蜡。王与群臣启视,反复不得其意。葛果取之,凝视良久曰:"蜡下必有文字。"乃剥出蜡,果然,盖告勒阿尼大,以波斯将举大军侵希腊也。勒阿尼大乃与诸王合兵,挫波斯色克舍斯(Xerxes)之锐锋,为世界有名之大战。希腊所以获胜者,葛果之力也。

美国革命战争之时,哲克孙(Richard Juckson)受暗通英军之嫌疑,被捕,囚于田间一狱室,不设防守。哲克孙若欲逃,固甚易也。然哲克孙信法律之力与己之义务,誓不肯逃。请于狱吏,每日间则出劳作,入夜即归。狱吏知其诚笃,许之。如是者八阅月。遂以叛逆罪,送至司普令斐(Springfield)受审。将行,狱吏为其准备,哲克孙曰:"无庸,吾一人往可矣。"狱吏又听之。道中遇马撒齐塞州(Massachusetts)州议员爱华德(Edward),问之曰:"子将何往?"曰:"往司普令斐,受关于生死之裁判矣。"审问之后,罪证既确,遂宣告死刑。上院议长要求特赦,满场议员皆不许,及爱华德述曩者与哲克孙邂逅树下之语,哲克孙之心迹乃明,得特赦。盖其人格之正直,卒有以自白也。

千八百五十七年,纽约财界大起恐慌,各银行代表集会,共议善后之策。因相语曰,今日某银行提取存款者,至全额五分,又一银行提款至全额七分半。时泰罗(Moses Taylor)为纽约市银行代表,众问之曰:"某行今早存款增四十万元,傍晚则增至四十七万元。"盖各人取诸他银行者，皆以存入泰罗之银行，其品性素有以取信于人也。

一人之言语，素见信于众者，虽一言一句，而众人争欲先闻之，如大旱之望云霓，其言素不为人信者反是。同一言语，同一人物，而价值有不同者，人格之殊也。巴克尔（Theodor Parkor）尝曰："有一苏格拉第，可敌数国。"人格之力，即是国家之力也。虽然人格之力，其势尝存于所不可见者，尤能感人于不觉。哀默深曰："凡听查沙谟（Chatham）之演说，其入人之深，有在乎其所语之外者。"嘉徕尔著《米那波（Mirabeau）传》，反复为人称述其事，无人动听，为之怃然叹息。普鲁泰克（Plntatch）《英雄传》中诸人，有声名极大，而事迹寥寥无甚可纪。吾辈读《华盛顿传》，亦不足想见华盛顿之人格。希徕尔（Schiller）之诗文，颇不与其盛名相称，世人往往以名实不副，讥评古人。不知古人名声所以大，非尽由于事业，犹有存于事业之上者在焉。此存于事业之上之势力，大部分潜伏而不可见，即人格是也。不恃才智，不恃口辨，惟恃其人格之引力，仅用其实力之半，而誉盖天下。古之英雄，每有一指顾间，而足以变安危之形势。如按其实迹以求之，则有莫知其所以然者。盖先声夺人，不言而自信，不争而自胜，所以为人格之力也。

人格为人生之宝，君子宁死不以易其人格。匈牙利之爱国者噶苏士（Kossuth）被逐于祖国，亡命土耳其。土耳其人谓之曰："子若信奉谟罕默德教，则当保护子之生命。"噶苏士曰："吾审择于死与耻二者之间，决不欲贪生以蒙耻，吾待死久矣。"土耳其人改容谢之。孔子曰："见利思义，见危授命，久要不忘平生之言，亦可以为成人矣。"君子欲全其人格，故死有所不避也。

人格之感人至速，前已言之。故人之进退、动作、言语，皆足以表其一身之历史，而定其人之价值。古有人伦风鉴之术，即是对于人格之鉴别。然人格之力，是由内而发着于外。君子务充其在内者，则天下莫能与争强矣。

第六编

修养论

第一章　善恶之原理

夫立身之事，在于修养。修养之总义，不外去恶存善而已。故明善恶之原理，是修养之根本问题也。善恶之原理，其说虽多，而在吾国，则详在性善恶论。知性之起原，即知善恶之起原，故今略述吾国哲学史中性善恶论之流派，则于善恶之原理，及其所以存善养性之方法，思过半矣。

中国学者论性之善恶，综计古今，共有五派：一性善说，二性恶说，三性有善有恶说，四性无善无恶说，五性三品说是也。今以次论之。

儒家以孔子为宗，孔子虽罕言性命，然其意似主性善，惟其说亦往往相出入。孔子曰："人之生也直，罔之生也幸而免。"又诵《诗》曰："天生蒸民，有物有则，民之秉彝，好是懿德。"此皆近于性善之论。又曰："性相近也，习相远也。"又曰："有教无类。"此言人性当依教育变化，又示人性之阶级曰："生而知之者，上也。学而知之者，次也。困而学之，又其次也。困而不学，民斯为下矣。"此以性有四品之差。

至于孔子之孙子思，述《中庸》，其首章即曰："天命之谓性，率性之谓道，修道之谓教。"则已专主性善矣。孟子承子思之学，言性善益详，乃就仁、义、礼、智之四端以明性善曰："人皆有不忍人之心。今人乍见孺子将入于井，皆有怵惕恻隐之心。非所以内交于孺子之父母也，非所以要誉于乡党朋友也，非恶其声而然也。由是观之，无恻隐之心，非人也；无羞恶之心，非人也；无辞让之心，非人也；无是非之心，非人也。恻隐之心，仁之端也；羞恶之心，义之端也；辞让之心，礼之端也；是非之心，智之端也。凡有四端于我者，知皆扩而充之矣。如火之始然，泉之始达，苟能充之，足以保四海；苟不充之，不足以事父母。盖以仁、义、礼、智四端，既存于我心，加以修养，则可扩充以保四海也。"其示直觉的性善，曰："人之所不学而能者，其良能也；所不虑而知者，其良知也。孩提之童，无不知爱其亲也，及其长也，无不知敬其兄也。"此以良知、良能，出于先天，又谓人之于善，如口之于味，曰："心之所同嗜者，何也？谓理也，义也。故理义之悦我心，犹刍豢之悦我口。"孟子主张绝对之性善说，以为修养不须何等工夫，但保其本然之善，使勿为物欲所蔽，便是修养第一义也。故有求放心，存夜气之说。又与告子论性，皆本此意矣。

孟子以后，汉世言性者，颇承七十子之说，不尽主孟子。惟陆贾曰："天地生人也，以礼义之性，人能察所以受命则顺。"此亦言性善。而王充非之曰："陆贾知人礼义为性，人亦能察己所以受命。性善者不待察而自善，性恶者恶能察之。"《白虎通》以仁、义、信、礼、智为五性，曰："人禀阴阳气而生，故人怀五性之情。"情者，静也；性者，生也，此人所禀六气以生者也。故《钩命决》曰："情生于阴欲，以时念也；性生于阳，以理也。阳气者欲，阴气者贪。故情有利欲，性有仁也。"此则似谓性善情恶。唐李翱承之作《复性书》曰："人之所以为圣人者，性也；人之所以惑其性者，情也。喜、怒、哀、惧、爱、恶、欲七者，皆情所为也。情既昏，性斯匿矣，非性之过也。七者循环而交来，故性不能充也。"

至宋周子出，又本子思、孟子以道性善曰："干道变化，各正性命，诚斯立焉，纯粹至善者也。"此言天所赋，人所受，皆无不善之杂人。性动而后有善恶，其未动时固超然立于善恶之上也。二程受学周子，伊川又明性与气之辨，至是性善论之条理益密。明道曰："生生之谓易，是天之所以为道也。天只是以生为道，继此生理只是善，便是有一个元的意思。元者，善之长，万物皆有春意。成却待他万物自成，其性须得。"又曰："善固性，恶亦不可不谓之性。"此则兼气质之性言之矣。伊川于性气之辨尤显，曰："性出于天，才出于气，气清则才清，气浊则才浊。才则有善不善，性则无不善。"又曰："性无不善，而有善不善者，才也。性即是理，理则自尧、舜至于途人一也。才禀于气，气有清浊，禀其清者为贤，禀其浊者为愚。"然当时张横渠亦分性气，《正蒙》曰："太虚为清，清则无碍，无碍故神。反清为浊，浊则碍，碍则形。"又曰："形而后有气质之性，善反之则天地之性存焉。故气质之性，君子有所不性焉。"朱子本张、程之说，亦分天地之性、气质之性。又以理气并举，天地之性纯乎理，气质之性，杂理与气言之。朱子以气质之说，始于张、程，前此未有人说到此，盖深有功于圣门云。陆象山不言气质，而主绝对之性善，尝言心即理，又曰："人性皆善，其不善者，迁于物也。"又告学者曰："汝耳自聪，目自明，事父自能孝，事兄自能弟。"王阳明本陆象山之说，其四句教曰："无善无恶心之体，有善有恶意之动，知善知恶是良知，为善去恶是格物。"所谓无善无恶，即是至善；所谓心之体，即是性也。又《传习录》曰："至善者，性也。性原无一毫之恶，故曰至善，止是复其本然而已。"此孟子至程、朱、陆、王言性善之大略也。

荀子唱绝对之性恶论，以与孟子对峙。其《性恶篇》曰："人之性恶，其善者伪也。今人之性，生而有好利焉，顺是，故争夺生而辞让亡焉；生而有疾恶焉，顺是，故残贼生而忠信亡焉；生而有耳目之欲，有好声色焉，顺是，故淫乱生而礼义文理亡焉。然则从人之性，顺人之情，必出于争夺，合于犯分乱理，而归于暴。故必将有师法之化，礼义之道，然后出于辞让，合于文理而归于治。用此观之，人之性恶明矣，其善者伪也。"又曰："孟子曰：'人之学者，学其性'。曰：是不然！是不及知人之性，而不察乎人之性伪之分者也。凡性者，天之就也，不可学，不可事。礼义者，圣人之所生也，人之所学而能，所事而成者也。不可学，不可事，而在人者，谓之性；可学而能，可事而成，在人者，谓之伪。是性伪之分也。"刘向谓董仲舒作书以美荀卿，则仲舒之说，亦性恶论之绪也，其非性善论，曰："今谓性已善，不几于无教而如其自然，又不顺于为政之道矣。且名者性之实，实者性之质。无教之时，何能遽善？善如米，性如禾。禾虽出米，而禾未可谓米也。性虽出善，而性未可谓善也。米与善，人之继天而成于外者也，非天所为之内也。"又曰："民之号取之瞑也。使性质已善，何故以瞑为号？"又曰："人之诚，有贪有仁。仁贪之气，两在于身。身之名，取诸天。天两有阴阳之施，人两有贪仁之性。"此略本荀子性恶论而小变之，故以性虽未能遽善，亦未显言性恶也。子政以其非斥性善论，与荀子同，故谓之作书美荀卿与。近世戴震谓性在欲中，俞樾以性恶而才有善，大抵皆出荀卿、仲舒之绪云。

告子为性无善无不善派之宗，流为扬雄之性善恶混说。告子曰："性犹湍水也，决诸东方则东流，决诸西方则西流。人性之无分于善不善，也犹水之无分于东西也。"又曰："性无善无不善也。"细推其意，盖以性可东可西，可善可恶，就其可能性言之。王充曰："告子之以决水喻者，徒谓中人，不指极善极恶也。夫中人之性，在所习焉。习善而为善，习恶而为恶也。"又曰："孟轲言人性善者，中人以上也；孙卿言人性恶者，中人以下也；扬雄言性善恶混者，中人也。"据此知告子与扬雄言性是一派。《朱子集注》亦谓湍水之喻，近扬子说。扬雄《法言》曰："人之性也，善恶混。修其善则为善人，修其恶则为恶人。气也者，所适于善恶之马与？"此二性中本有善恶二者，气动之而或适善，或适恶，然又在于学焉。故又曰："学者，所以修性也。视听言貌思，性所有也。学则正，否则邪。人之待学而正邪，犹湍水待决而东西矣。"宋时王安石、苏东坡论性，亦近告子。安石直以性情为一，其言曰："性情一也。世有论者曰性善情恶，是徒识性情之名，而不知性情之实也。喜、怒、哀、惧、爱、恶、欲发于外而见于行。情也，性者，情之本；情者，性之用，吾故曰性情一也。"又曰："君子养性之善，故情亦善；小人养性之恶，故情亦恶。"又曰："性情之相须，犹弓矢之相待为用，若夫善恶则犹中与不中也。"安石既以性情为一，则善恶自混在其中矣。东坡说与安石相出入，不具引。

王充独承世硕、公孙尼子，为性有善有恶之说。《论衡》

第六编　修养论

记周人世硕作《养书》，论性情与宓子贱、公孙尼子等相出入。世子之言曰："人性有善有恶。举人之善性，养而致之则善长；性恶，养而致之则恶长。如此则性各有阴阳，善恶在所养焉。"察世子之说，厥有三义：人之生也，其性固定，或受善性，或受恶性，此一义也；性既善矣，益养其善则善长，性既恶矣，益养其恶则恶长，此二义也；然善性亦可养之使移入于恶，恶性亦可养之使移入于善，此三义也。与扬雄言善恶混在性中有异。王充申其义曰："人性有善有恶，犹人才有高有下也。谓性无善恶，是谓人才无高下也。禀气受命，同一实也。命有贵贱，性有善恶。谓性无善恶，是谓人命无贵贱也。九州岛田土之性，善恶不均，故有黄赤黑之别，上中下之差；水潦不同，故有清浊之流，东西南北之趋。"又论性之养曰："论人之性，定有善有恶。其善者固自善矣，其恶者固可教告率勉，使之为善。"又曰："肥沃硗埆，土地之本性也。肥而沃者性美，树稼丰茂；硗而埆者性恶，深耕细锄，厚加粪壤，勉致人功，以助地力，其树稼与彼肥沃者相类似也。地之高下，亦如此焉。以镢、锸凿地，以埤增下，则其下者与高者齐。如复增锸，则复下者非徒齐者也，反更为高，而其高者反为下。使人之性有善有恶，勉致其教令之善，则将善者同之矣。善以渥，酿其教令，变更为善，善且更宜反过于往善，犹下地增加镢锸，更高于高地也。"王充以性之初生，虽有固定之善恶，然当依教育变化。善者可使益善，恶者可使进于善，一视其教育之功何如，故王充尤贵养性也。

孔子谓上智下愚不移，实起性三品说之端。贾谊、刘向皆承三品说，而其说不具。荀悦言之稍详，自三品分为九品，韩愈原性宗之，后之言性三品者自韩愈。荀悦《申鉴》曰："或问天命人事，曰有三品焉。上下不移，其中则人事存焉尔。"三品字实首见此，于是详论三品之分曰："或曰善恶皆性也，则教法何施。曰：'性虽善，待教而成；性虽恶，待法而消；唯上智下愚不移'。其次善恶交争，于是教扶其善，法抑其恶，得施之九品，从教者半，畏刑者四分之三，其不移者，大数九分之一也。一分之中，又有微移者矣。然则法教之于化民也，几尽之矣，及法教之失也，其为乱亦如之。"韩愈《原性》曰："性也者，与生俱生者也；情也者，接于物而生者也。"此略本刘子政性情相应之说。又曰："性之于情，情之于性，视其品。故性之品有上、中、下三。其所以为性者五，曰仁、义、信、礼、智。上焉者之于五，主于一而行于四；中焉者之于五，一不少有焉，则少反焉，其于四也混；下焉者之于五也，反于一而悖于四。情之品有上、中、下三，其所以为情者七，曰喜、怒、哀、惧、爱、恶、欲。上焉者之于七也，动而处中；中焉者之于七也，有所甚，有所亡；下焉者之于七也，亡与甚，直情而行者也。"退之谓性情各有三品也。

　　已上论性者共分五派，然其中皆重教化，修养之功。主性善亦须扩充，主性恶尤要矫治，湍水则待决而东西，坏地则待耕而高下，三品之说推化法以相移。善之大本，或谓在于天，或谓存乎人，要其修养之不可懈则一也。

第二章　修养杂论

观于性善恶之原理，则人固可因修养而致于善，无可疑也。近世有谓人性由于遗传而定，及其既定，决不可改，不能以己之意志左右其间，谓修养之事，了无意义。如叔本华（Schopenhaeur）之徒是也。盖以意志为宇宙之根本原理，人类有意志，则宇宙无本性，故人性决不可变化也。然此不过厌世学者之空想，人性虽由于遗传，遗传亦未尝不可变。近来人类学者，常调查犯罪者之骨质，欲用生理之方法改之，亦以人性可变也。吾国虽有上智下愚不移之训，世间终以中材为多，中材未有不能修养者也。

古今社会并认修养为可能之事，东西皆然。故儿童未生之先，已有胎教之法；既生以后，则受家庭、学校种种之教育。如人性不可变，是纷纷者皆可以已矣。故吾人立身，当信修养为绝对可能，惟自坚其志以勇猛赴之而已。吾人自少至长，则受家庭之敦勉，不得不修养。又受社会之敦勉，不得不修养。今世教育之主者，不外智育、德育、美育、体育四者。吾人所受于学校者无论矣，而社会教育，亦恒以四者为程。故有图书馆与讲演会之类，所以助智育也；有各种道德之团体，与各宗教之说教，所以助德育也；有美术会、音乐会、演剧场，所以助美育也；有体育会，有卫生会，所以助体育也。吾人自家庭、学校所受之教育以外，尤当与社会上可以辅助吾精神、身体之机关相接，庶乎日进乎善而不自知也。

修养之事，其恃国家、社会种种教训之机关者，仍系他力。真能修养者，当恃己力为修养，其成功倍于专恃他力者也。己力之修养，亦不外精神之修养与身体修养二者。人必内强其心志，有坚忍不挠之气魄；外强其体力，有健壮耐劳之肢干。修养者，所以自强也，自强而后能胜己之愿，以任世之事，不可不勉也。前数篇中，于精神、身体之修养，皆有所言。大抵自立志以至养成人格，并精神修养之事，若勤勉与耐苦，则颇足为身体修养之助也。古之有大学问、成大事业者，率往往出于贫贱之人，盖习于操作工事，身体健康，精神亦因之快适。故勤劳为修养第一义，暇时则当从事劳动之游戏，蹴鞠、竞走、骑马、试剑、射猎、习泅之类，无一不有益于身体也。惠灵吞晚年，观学校群儿游戏曰："滑铁卢之战，实于此而得胜。"盖惠灵吞早年在学校，娴习诸种游戏，体力至强，故以震世之大功，归诸童龄之练习也。文豪斯各脱之在学校，尝至河畔与渔夫叉鱼为戏，其技绝精，又喜游猎，复从事文艺，著述治事，皆有定晷，而暇仍不废渔猎。方其著 Waverley 小说丛编时，每日早起则执笔为文，午后必出猎兔。威尔孙（Wilson）教授善竞力，投其锤，新诗立就。诗人彭士（Burns）在学校中，最善跳跃及角力。此类甚多，谁谓文人不当练体力也。

平日饮食起居，皆当注意，大有助于身体之康强。格兰斯顿常语人曰："吾身体所以健者，盖一哺常嚼二十五度。"食物易消化，则血脉流通，病自不生矣。佛家常说病之十因：一，久坐；二，不卧；三，食不量；四，忧；五，愁；六，疲极；七，淫佚；八，瞋恚；九，忍大小便；十，制上下风。《素问》谓饮食有节，起居有常，不妄作劳，内守精神，则病不生。《管子》谓起居不时，饮食不节，寒暑不适，则形体累而寿命损。孙思邈曰："善摄生者，常少思、少念、少欲、少事、少语、少笑、少愁、少乐、少喜、少悲、少好、少恶。"以行此十二少为摄生之要。道家又有导引吐纳之法，不可胜举。荀悦《申鉴》论养性，即养生也。其言曰："或问曰：'又养性乎？'曰：'养性秉中和，守之以生而已。爱亲、爱德、爱力、爱神之谓啬，否则不通，过则不澹，故君子宣节其气，勿使有所壅蔽滞底。昏乱百度则生疾，故喜、怒、哀、乐、思、虑，必得其中，所以养性也；寒暄盈虚消息，必得其中，所以养神也。善治气者，犹禹之导水也。若夫导引蓄气，历藏内视，过则失中，可以治疾，皆非养性之圣术也。夫屈者以乎伸也，蓄者以乎虚也，内者以乎外也，气宜宣而遏之，体宜调而矫之，神宜平而抑之，必有失和者矣。夫善养性者无常术，得其和而已矣。'"又曰："凡阳气生养，阴气消杀，和喜之徒，其气阳也。故养气者，崇其阳而绌其阴。阳极则亢，阴极则凝，亢则有悔，凝则有凶。夫物不能为春，故候天春而生，人则不然，存吾春而已矣。药者疗也，所以治疾也，无疾则无药可也。肉不胜食气，况于药乎？寒斯热，热则致滞阴，药之用也。唯适其宜，则不为害。若已气平也，则必有伤，唯针火亦如之。故养性者不多服也，唯在节之而已矣。"又曰："邻脐二寸谓之关，关者所以关藏呼吸之气，以禀授四气也。故气长者以关息，气短者其息稍升，其脉稍促，至于以肩息而气舒，其神稍专，至于以关息而气衍矣。"荀悦非导引，此则有近导引之说也。吾国论修养之方法者至多，兹不具述云。

　　于精神、身体之修养皆有益者，莫如读书。吾人于学校、学业之外，不可不多读书，非徒广记论而已，必要体之于身，切实有益。谢上蔡初以记问为事，自负该博，对明道先生言，举史书不遗一字。明道曰："贤却记得许多，可谓玩物丧志。"谢闻此语，汗流浃背，面发赤。及看明道读史，又却逐行看过，不差一字。谢殊不解，后来省悟，每以此接引博学之士。

　　又每述明道之言曰："读书慎不要寻行数墨。"今人于学术之进化，以为书籍既多，为学极为便利，是固然也。然必己心特具理解之力，始不为众说所乱。又要所志有一定之目的，若徒事涉猎，虽多何用。大抵自平日学业之外，所读书当有益身心。大政论家波林白罗克（Bolingbroke）之言曰："凡学问不能使吾人成良善之国民，而徒以资辨博文巧之助者，虽终日孜孜讽诵，吾必谓之惰民矣。"即以此见称世俗，吾宁谓其所学为愚也。

　　读书杂乱无序，贪多而不精熟，最是大病。司马温公尝言："学者读书，少能自一卷读至卷末，往往或从中，或从末，随意读起，又不能终篇。旋光性最专，犹常患如此。从来惟见何涉学士，案上惟置一书读之，自首至尾，正校错字，未终卷誓不读他书。此学者所难也。"朱子读书，必循序而致精，以为穷理之要。尝曰："读书须纯一，如看一般未了，又要一般，都不济事。某向时读书，方读其上句，则不知有下句；方读其上章，则不知有下章。"又曰："以我观书，处处得益；以书博我,释卷而茫然。"盖学问工夫,要当精密透彻,贪多则精力分而弱,或作或辍,终于无成也。稗官小说,其高者固足以起人之美感,然较其得失,流弊终多于所得之利益,立志勤勉之士,于此固有所不暇也。哲诺尔德(Douglas Jerold)曰:"人生当端庄严肃,不可以人间万事为戏笑之具,作为戏文戏画,以亵渎神明,为一世病害,此类真可太息也。"司泰林(John Sterling)曰:"稗官小说,最有害于世,而心志未定之少年,被害尤甚。其患殆过疫疠,如污水中生恶虫,饮者必至病也。"少年时固不可不有游乐之事,以博其兴趣而增其精神,要当择适宜,取暇为之。若耽于游乐,必妨正业,志气衰弊,而身体亦因之受病矣。

第三章　静坐与修养

　　今世教育进步，种种游戏运动，类多有益身体。凡关于动之修养，几已为人人所习矣。然欲其心性之纯粹，有非动之修养所能尽者，故不可无静处涵濡之功。凡人好动而不好静，则往往不能节其好恶，时有过情之喜怒，天才之人尤甚。诗人、哲学者，率多狂易自杀，盖亦失乎情之正矣。宋明学者每教人静坐，静之修养，为吾国伦理上之特质。人当万事烦扰，或伤于哀乐之际，能于静坐着意，必大有补于心智，固亦不可不知也。

　　静坐之名，古之儒者所未言，或疑出于释、道二家之绪亦非也。孔子绝四^{意必固我}，《易》言闲邪存诚，《中庸》论未发，《孟子》言存夜气，此皆隐括静之工夫。不过宋儒始拈出"静坐"二字耳。孔孟不惟不言静坐，且不言静。周濂溪《太极图说》始曰圣人定之以仁义中正而主静。自注曰："无欲故静。"然则主静即无私欲。《乐记》言人生而静不以为修养之道，至谓主静，则有修养之意寓焉。主静无异绝四，意必固我,皆私欲也,推之克己复礼,亦主静也。自后学者喜言静字,实濂溪倡之矣。

明道、伊川,并学于濂溪。明道知扶沟县,游、谢诸子皆从学。明道曰:"诸公在此,只是学某说话,何不去力行?"二子曰:"某等无可行。"明道乃曰:"无可行时,且去静坐。若是不曾存养个本原,茫茫然逐物在外,便要收敛归来,也无个着身处也。"此以静坐为本原之修养。明道为学至粹,岂教子弟以闲工夫哉?伊川见人静坐,每叹其善学。谢上蔡亦曰:"近道莫如静。斋戒以神明其德,天下之至静也。"杨龟山亦游明道之门,其归也,目送之曰:"吾道南矣。"明道殁,又从伊川游。龟山每曰:"学者当于喜、怒、哀、乐、未发之际,以心体之,则中之义自见,执而无失,无人欲之私焉,发必中节矣。"罗豫章名从彦,师事龟山最久,独得其传。李延平名侗,字愿中,学于豫章,尝述豫章之说曰:"先生令愿中看未发时作何气象,不惟于进学有方,亦是养心之要。"延平终身为学,皆以默坐澄心,体认未发时气象为主。其教人曰:"为学不在多言,但默坐澄心,以体认天理。若真有所见,虽一毫私欲之发亦退听矣。久久用力于此,庶几渐明,讲学始有力耳。"朱子师事李延平,始得程门之传。先是伊川以濂溪至静无欲之说太高,或非恒人所能及,乃揭出敬字为存心工夫。朱子私淑伊川,故亦以穷理居敬,为为学之要。然朱子亦有言静坐者,如曰:"学者半日静坐,半日读书,如是三五年,必有进步可观。"又曰:"明道、延平皆教人静坐,看来须是静坐。"又曰:"近觉读书损耗目力,不如静坐省察自己为有功,幸试为之,当觉其效也。"又曰:"昔陈烈先生苦无记性。一日读《孟子》至'求其放心'一章,曰:'我放心未收,如何读书能记？'乃独处一室，静坐月余，自此读书无遗。"以上并宋时静坐之法，渊源于程门之大略也。

明时陈白沙尝教人须静中养出端倪。其自述为学曰："仆年二十七，发愤从吴聘君（康斋）学，然未知入处。比归白沙，专求所以用力之方。此心与此理未有凑泊吻合处也，于是舍彼之繁，求吾之约，惟在静坐。久之然后见吾心之体，隐然呈露，常若有物。于是涣然自信曰：'作圣之功，其在兹乎？'有学于仆者，辄教之静坐。盖以吾所经历，粗有实行者告之，非务为高虚以误人也。"王阳明为学悟入工夫，亦由静坐，尝曰："日间工夫觉纷扰则静坐。"阳明三十九岁，由龙场谪所擢知庐陵县，归途与门人静坐僧寺，自悟性体，既别又致书与论之曰："前在寺中所云静坐事，非欲坐禅入定也。盖因吾辈平日为事物纷拏，未知为己，欲以此补小学收放心一段功夫耳。诸友宜于此处着力，异时始有得力处也。"阳明五十三岁时，门人刘君亮入山静坐。阳明曰："汝若不厌外物，复于静处涵养却好。"明儒之中，多言静坐者。如高景逸曰："朱子谓学者半日静坐半日读书，如此三五年，无不进者。当验之，一两月便不同。学者不作此工夫，虚过一生殊可惜。"又曰："凡静坐之方，唤醒此心，卓然常明，志无所适而已。志无所适，精神自然凝复。不待安排，勿着方所，勿思效验。初入静去，不知摄持之法，惟体贴圣贤切要之言，自有入处。至三日必臻妙境，七日则精神充溢，诸疾不作。"刘蕺山曰："学问宗旨，只是主静。此处工夫，最难下手。姑为学者设方便法，且教之静坐。"又曰："学固无间动静，初学亦须谢事静坐为法。"蕺山当明室倾覆，绝食死义。方绝食之际，终日惟静坐，尝语人云："吾日来静坐小庵，胸中浑然无一事，浩然与天地

第六编　修养论

同流，不觉精神之困惫。"盖本来原无一事，凡有事皆人欲也，若能行其所无事，则人而天矣。

　　清初李二曲亦教人静坐，或问冥目静坐，反觉意虑纷拏，曰："此亦初学入手之常，惟有随思随觉，随觉随敛而已。然绪出多端，皆因中无所主。主人中苟惺惺，则闲思杂虑，何自而起。"又曰："进修之实，全贵静坐，今之言静坐者，曷尝实实静坐？全贵一切放下，今之言一切放下者，曷尝实实放下？若果息万缘纤毫不挂，久之则心虚理融，物来顺应。亦犹尘垢既去，而镜体常明，无所不照。"又或问得力之要，曰："其静乎？"曰："学须该动静，偏静则恐流于禅。"曰："学固该动静，而动则必本于静。动之无妄，由于静之能纯，静而不纯，安保动而不妄。"昔罗盱江揭万物一体之旨，门人谓如此恐流于兼爱。罗曰："子恐乎？吾亦恐也。心尚残忍，恐无爱之可流。今吾辈思虑纷拏，亦恐无静之可流。"二曲平生坚苦卓绝，其论学虽规模远大，而归本于静。宋明以来儒学，多言主静者矣。

　　夫修养之法虽多，不外动静二种。修养法譬如药方，因病下药。偏于静者，则告之以动之修养法；偏于动者，则告之以静之修养法。二者固相资而不相妨也。

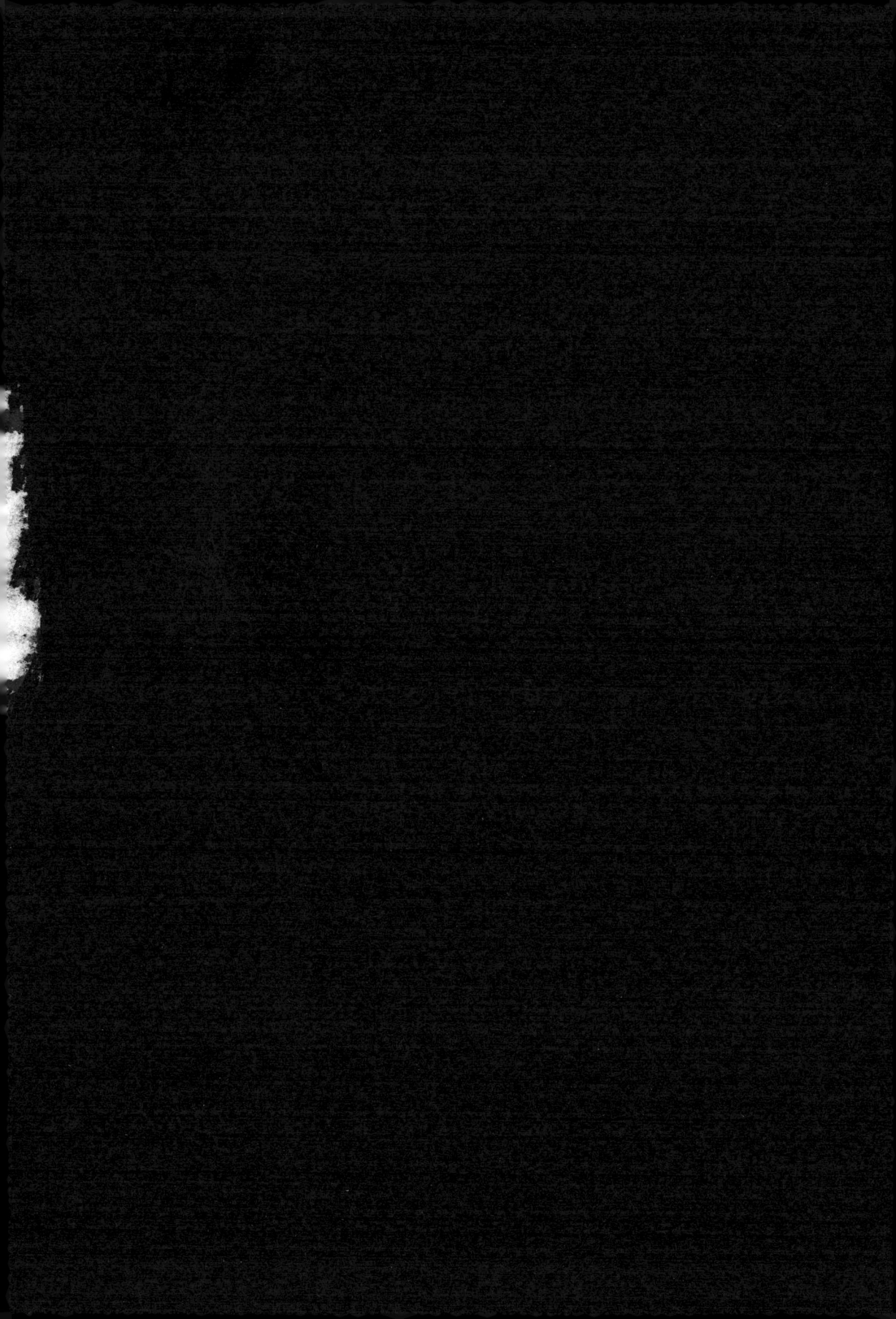